新型农业阳光培训实用教材

新技术
新热点

村级动物疫情报告观察员

● 赵宝良　主编

中国农业科学技术出版社

图书在版编目（CIP）数据

村级动物疫情报告观察员／赵宝良主编 . —北京：中国农业科学技术出版社，2011.8

ISBN 978 - 7 - 5116 - 0556 - 6

Ⅰ.①村… Ⅱ.①赵… Ⅲ.①兽疫 - 防疫 Ⅳ.①S851.3

中国版本图书馆 CIP 数据核字（2011）第 131634 号

责任编辑　朱　绯
责任校对　贾晓红

出 版 者　中国农业科学技术出版社
　　　　　北京市中关村南大街 12 号　邮编：100081
电　　话　(010)82106638(编辑室)　(010)82109704(发行部)
　　　　　(010)82109703(读者服务部)
传　　真　(010)82109700
网　　址　http://www.castp.cn
经 销 者　各地新华书店
印 刷 者　中煤涿州制图印刷厂
开　　本　850mm×1 168mm　1/32
印　　张　3.5
字　　数　91 千字
版　　次　2011 年 8 月第 1 版　2013 年 8 月第 4 次印刷
定　　价　14.00 元

《村级动物疫情报告观察员》
编委会

主　编　赵宝良

编　者　张加良　伊国君　伊　博

　　　　蔡艳华　彭思圆　胡　月

前　言

近年来，国内外重大动物疫情频繁发生。高致病性禽流感在全球范围内不断蔓延，对经济社会发展产生较为严重的影响。我国也先后多次暴发较大规模的疫情，对局部地区的农业经济发展造成严重危害。重大动物疫病防控的实践证明，要有效预防和控制重大动物疫情的发生和流行，必须进一步加强动物防疫体系建设，健全兽医工作者队伍。

村级动物疫情报告观察员，是指由乡村聘用的，承担着动物疫情报告工作的人员。村级动物疫情报告观察员是农村实施动物疫情报告等防疫措施的主体力量。但是，目前村级疫情报告观察员存在着发展不平衡、队伍不稳定、人员素质不高等问题。根据这种状况，我们组织编写了《村级动物疫情报告观察员》一书。

本书不但介绍了村级动物疫情报告员概述、动物防疫的基础知识、动物传染病与免疫、防疫法律知识，还对动物保定技术、消毒技术、免疫接种技术和疫情巡查与报告做了详细的阐述。对于提高村级动物防疫报告观察员的综合素质，做好农村动物防疫工作，起到积极的作用。

限于编者技术水平，失误之处在所难免，希望读者批评指正！

目　录

上篇　基础知识

第一章　村级动物疫情报告员概述 ……………………（3）

　第一节　设置村级动物疫情报告员的意义 …………（3）

　第二节　动物疫情报告员的岗位职责和职业守则 ……（4）

　第三节　建设动物疫情报告员的措施 ………………（5）

第二章　动物防疫的基本知识 …………………………（7）

　第一节　动物防疫的内涵 ……………………………（7）

　第二节　动物防疫的原则 ……………………………（8）

　第三节　动物防疫的作用 ……………………………（9）

　第四节　动物防疫的对象 …………………………（11）

第三章　动物传染病与免疫 ……………………………（14）

　第一节　传染病与感染 ……………………………（14）

　第二节　传染病流行的基本环节 …………………（15）

　第三节　动物传染病的基本防控 …………………（16）

　第四节　免疫的基础知识 …………………………（19）

第四章　防疫法律知识 …………………………………（23）

　第一节　动物防疫法 ………………………………（23）

　第二节　重大动物疫情应急条例 …………………（32）

　第三节　病死与死因不明动物的处置办法 ………（39）

下篇　基本技能

第五章　动物保定技术 …………………………………… （45）
　第一节　猪的保定 ………………………………………… （45）
　第二节　犬的保定 ………………………………………… （49）
　第三节　羊的保定 ………………………………………… （50）
　第四节　牛的保定 ………………………………………… （51）
　第五节　马的保定 ………………………………………… （54）

第六章　消毒技术 ………………………………………… （63）
　第一节　常用的消毒方法 ………………………………… （63）
　第二节　消毒的范围控制 ………………………………… （68）
　第三节　常用消毒剂的种类及使用 ……………………… （74）

第七章　免疫接种技术 …………………………………… （82）
　第一节　免疫接种的类型 ………………………………… （82）
　第二节　免疫接种的准备 ………………………………… （83）
　第三节　注射器的使用 …………………………………… （91）

第八章　疫情巡查与报告 ………………………………… （95）
　第一节　疫情巡查与报告概述 …………………………… （95）
　第二节　常见动物疫病的识别 …………………………… （96）
　第三节　重大疫情报告 …………………………………… （101）

参考文献 …………………………………………………… （103）

上篇　基础知识

第一章　村级动物疫情报告员概述

第一节　设置村级动物疫情报告员的意义

近年来，国内外重大动物疫情频繁发生。高致病性禽流感在全球范围内不断蔓延，对经济社会发展产生较为严重的影响。我国也先后多次暴发较大规模的疫情，对局部地区的农业经济发展造成严重危害。重大动物疫病防控的实践证明，要有效预防和控制重大动物疫情的发生和流行，必须进一步推进兽医管理体制改革，加强动物防疫体系建设，健全兽医工作者队伍。村级动物防疫员队伍是动物疫病防控体系的基础，是动物强制免疫、畜禽标识加挂、免疫档案建立和动物疫情报告等重要防疫措施实施的主体力量。加强村级动物防疫员队伍建设，可以把动物防疫的网络延伸到基层，可以把动物防疫的意识强化到基层，可以把动物防疫的技术传授到基层，有利于重大动物疫情的早发现、早反应、早处置，有利于各项动物疫病防控措施的落实。

近年来，各地在村级动物防疫员队伍建设方面进行了有益的探索，对有效防控重大动物疫病发挥了重要作用，但这项工作整体上进展还很不均衡，队伍不稳定、人员素质不高、经费缺乏、管理制度不完善等问题十分突出，村级动物防疫员队伍极不适应防控重大动物疫病的需要。各地一定要充分认识加强村级动物防疫员队伍建设的重要性，增强做好这项工作的责任感和紧迫感，采取有力措施，积极推进，不断提高防控重大动物疫病的能力和水平。

第二节　动物疫情报告员的岗位职责和职业守则

一、村级防疫员的岗位职责

在当地兽医行政主管部门的管理下，在当地动物疫病预防控制机构和当地动物卫生监督机构的指导下，村级防疫员在其所负责的区域内主要承担以下工作职责。

1. 协助做好动物防疫法律法规、方针政策和防疫知识宣传工作。

2. 负责本区域的动物免疫工作，并建立动物养殖和免疫档案。

3. 负责对本区域的动物饲养及发病情况进行巡查，做好疫情观察和报告工作，协助开展疫情巡查、流行病学调查和消毒等防疫活动。

4. 掌握本村动物出栏、补栏情况，熟知本村饲养环境，了解本地动物多发病、常见病，协助做好本区域的动物产地检疫及其他监管工作。

5. 参与重大动物疫情的防控和扑灭等应急工作。

6. 做好当地政府和动物防疫机构安排的其他动物防疫工作任务。

二、村级防疫员职业守则

1. 要掌握动物防疫相关的法律法规和管理办法。村级防疫员要认真学习《中华人民共和国动物防疫法》《动物疫情报告管理办法》《重大动物疫情应急条例》等法律法规以及高致病性禽流感、口蹄疫、猪瘟等防治技术规范，并将法律法规和管理办法中有关要求应用到动物防疫工作中，做到知法、懂法、守法、宣传法。

2. 要认真学习动物防疫的技术技能。村级防疫员必须认真学习动物疫病防控技术技能，熟练掌握动物强制免疫、畜禽标识加挂、免疫档案建立和动物疫情报告等防疫措施的技术技能，能完成并胜任各项基层防控工作。

3. 要积极参加培训，不断提高动物疫病防控技术水平。村级防疫员要不断参加培训，掌握动物疫病防控的新技术、新要求和疫病流行的新特点，不断提高基层防控工作的能力和水平。

4. 要认真负责，有强烈的责任感。村级防疫员在基层防控工作中要认真负责、吃苦耐劳、勤勤恳恳、尽职尽责，做好基层防控工作。

第三节　建设动物疫情报告员的措施

一、加强对村级动物防疫员队伍建设的组织领导

各地要把村级动物防疫员队伍建设作为当前农业农村工作和基层动物防疫体系建设的一项紧迫任务，摆到突出位置，列入重要议事日程，切实加强领导。要根据《农业部关于加强村级动物防疫员队伍建设的意见》的精神，制订本地区村级动物防疫员队伍建设实施方案，有计划、有步骤地加以推进。要把村级动物防疫员队伍建设作为考核重大动物疫病防控措施落实和兽医管理体制改革工作的一项指标，逐级进行考核。

二、科学配置村级动物防疫员

村级动物防疫员的配置，要与动物防疫工作实际相适应，要确保禽流感、猪蓝耳病等重大疫病防控措施在基层能够得到有效落实。各地要根据本地区畜禽饲养量、养殖方式、地理环境、交通状况和免疫程序等因素综合测算，科学合理配置村级动物防疫员。原则上每个行政村要设立一名村级动物防疫员。畜禽饲养量大、散养比例高或者交通不便的地方，可按防疫工作的实际需要增设。

三、落实村级动物防疫员责任

要建立村级动物防疫员工作责任制。村级动物防疫员主要承担动物防疫法律法规宣传、动物强制免疫注射、畜禽标识加挂、散养户动物免疫档案建立、动物疫情报告等公益性任务。各地要进一步量化村级动物防疫员的工作任务，细化质量标准，明确考核指标，保证各项工作任务明确、进度具体、要求严格。

四、做好村级动物防疫员选用

建立和完善村级动物防疫员选用制度。村级动物防疫员要优先从现有乡村兽医中选用。要按照公开、平等、竞争、择优的原则，严格掌握选用条件，严格选用程序，严把进人关。要与村级动物防疫员签定基层动物防疫工作责任书，明确其权利义务。

五、加强村级动物防疫员培训

各地要加强村级动物防疫员培训，综合运用教育培训和实践锻炼等方式，着力培养一支适应重大动物疫病防控工作需要的村级动物防疫员队伍。要建立健全村级动物防疫员岗前培训和在岗培训制度，把村级动物防疫员培训纳入动物防疫队伍整体培训计划，制定系统完善的培训方案。要增强培训的针对性和实用性，切实提高村级动物防疫员业务素质和工作能力。

六、完善村级动物防疫员工作考核机制和动态管理机制

各地要把动物强制免疫、畜禽标识加挂、免疫档案建立和动物疫情报告等情况作为考核主要内容，定期对村级动物防疫员的工作情况进行检查考核，对村级动物防疫员的工作开展综合评价，并将评价结果与报酬补贴挂钩。对工作表现突出、有显著成绩和贡献的村级动物防疫员给予表彰、奖励；对完不成工作任务的，给予相应的处罚。要坚持人员的动态管理，对综合考评不合格的，要及时调整出村级动物防疫员队伍。要建立健全村级动物防疫员监督管理办法，严肃村级动物防疫员工作纪律，规范村级动物防疫员行为。

第二章　动物防疫的基本知识

第一节　动物防疫的内涵

动物防疫，是指动物疫病的预防、控制、扑灭和动物、动物产品的检疫。动物防疫是综合运用多种手段预防、控制、扑灭动物疫病，保障动物健康及其产品安全的一项系统性工作，有其特定的科学规律，从动物引种、饲养、屠宰、加工到调运、出售等环节都需要实施防疫和监督。

一、动物疫病的预防

主要是指采取一系列综合性预防措施（如预防接种、检疫、消毒等），防止动物疫病的发生。同时，加强动物防疫管理和动物防疫监督也是预防动物疫病的重要措施。

二、动物疫病的控制

包含两层内容，一是对已经发生的动物疫病采取措施，防止其扩散蔓延，做到有疫不流行；二是对已经存在的动物疫病采取严格的措施逐步进行净化，最终消灭。

三、动物疫病的扑灭

就疫情而言，是指发生对人畜危害严重、可能造成重大经济损失的动物疫病时，需要采取紧急、严厉、综合的"封锁、检疫、隔离、消毒和无害化处理"等强制措施，迅速扑灭疫情，但这不等于就消灭了该疫病。国家对动物疫病扑灭的原则是：早、快、严、小。早，即严格执行疫情报告制度，及早发现和及时报告动物疫情，以便畜牧兽医行政管理部门能够及时地掌握动物疫情动态，采取扑灭措施；快，即迅速采取各项措施，防止疫情扩散；严，即严格执行疫区内各项严厉的处置措施，在限期内扑灭疫情；小，即把动物疫情控制在最小范围之内，使动物疫情造成的损失降低到最低程度。

四、动物、动物产品检疫

是预防、控制、扑灭动物疫病的重要手段，也是动物防疫的重要内容之一。为防止动物疫病传播，保护养殖业生产和人体健康，采用法定的检疫程序和方法，依照法定的检疫对象和检疫标准，对动物、动物产品进行疫病检查和定性。检疫属于政府行为，以国家强制力为后盾，逃避检疫将承担法律责任。检疫也是监督的手段，通过对动物和动物产品的检疫，以检验有关单位的防疫工作的落实情况。依法加强动物、动物产品检疫是为了达到预防为主、以检促防、保证广大人民群众食肉安全的目的。

第二节　动物防疫的原则

国家对动物疫病实行预防为主的原则。预防为主作为一项工作方针，可以适用于许多工作领域，但就动物防疫工作而言更具有特殊的意义。

首先，动物疫病具有传染扩散的特点，有的疫病至今尚无有效的防治方法，有的即使得到治疗，但本身仍是带毒的传染源，具有潜在的危险性，只有通过扑杀、销毁才能彻底消除隐患。因此，如果不提前预防，一旦疫病发生、蔓延起来，就需要耗费相当长的时间和巨大的人力、物力和财力进行控制、扑灭，这不但会给养殖业生产造成严重打击，对人体健康、公共卫生安全及国民经济发展也会带来灾难性的后果。因此，对于动物疫病，首要的是防止其发生与流行。预防工作做好了，可收事半功倍之效。反之，如果动物疫病暴发流行后再去扑灭、控制，则代价惨重，事倍功半，国内外均不乏这方面的教训。

其次，动物疫病有其固有的特性，特别是动物传染病和人类的传染病一样，在防疫方面有其共同的规律，它的发生、传播、流行必须具备传染源、传播途径和易感动物三个必备条件，有预防性。只要通过控制传染源、切断传播途径和保护易感动物三个方面的措施进行综合预防，就能够控制疫病的发生、传播和蔓延，最终就可有效控制和消灭该疫病。

最后，预防为主的方针也是根据我国动物饲养的实际情况和动物疫病流行的特点而提出的。我国的动物饲养特别是畜禽养殖目前仍然是以农村家庭式分散饲养为主，防疫基础薄弱，再加上疫病种类多，发病范围广，老的疫病尚未得到有效控制，新的疫情又不断出现，不仅严重影响畜禽生产健康发展，造成巨大损失，而且直接危及人民身体健康，妨碍我国畜禽产品进入国际市场。因此，防患于未然，依法采取预防为主的方针，才真正适合我国养殖业的实际情况。

实践证明，只有各级政府及有关部门大力加强动物疫病的预防工作，提高广大畜禽养殖者的防疫意识，采取和落实各种预防措施，才能保证动物的各种疫病得到有效预防和控制，保障我国养殖业健康发展和动物性食品卫生安全。

第三节 动物防疫的作用

动物在人类社会发展过程中起着重要作用。从原始社会开始，人类就大量猎捕动物以获取食物，并逐步饲养动物，出现了家畜家禽。随着社会的发展与进步，动物的用途逐步多样化，除主要供食用外，还用于使役、观赏、守卫、伴侣、演艺等各个方面，涉及生产、生活、科研、国防等各个领域。动物与人类的关系越来越密切，已成为人类生活和社会发展不可或缺的重要方面。因此，做好动物防疫工作具有重要的作用和意义。

一、预防、控制和扑灭动物疫病

动物疫病是影响养殖业发展、危及人体健康和社会公共卫生安全的主要因素之一。世界卫生组织（WHO）资料显示，75%的动物疫病可以传染给人，70%人的疫病至少传染给一种动物。某些动物疫病的暴发不仅给养殖业造成毁灭性打击，对人类生命安全造成危害，同时也影响社会稳定。如近年来世界各地暴发的高致病性禽流感疫情，造成数以千万计的禽类被扑杀、销毁。因此，动物防疫的首要作用是预防、控制和扑灭动物疫病，以达到促进养殖业持续健康发展、保护人体健康、维护社会公共卫生安全的目的。

二、促进养殖业发展

我国是一个动物养殖大国，特别是改革开放以来，人民生活水平不断提高，衣、食结构发生了巨大变化，皮、毛、裘、革、肉、禽、蛋、乳的需求量日益增加，与此相适应，作为国民经济重要组成部分的养殖业得到了迅猛发展。目前，我国猪肉、羊肉和禽蛋产量居世界首位，禽肉产量居世界第二，牛肉产量居世界第三，奶类产量居世界第五位。我国的养殖业取得了很大成绩，已成为发展我国农村经济、增加农民收入的支柱产业。但随着养殖业的发展和动物产品流通贸易的增加，动物疫病发生和传播的风险加大，加之我国养殖方式总体落后，且周边国家疫情形势严峻，防控难度加大，动物疫病已成为严重影响我国养殖业发展的重大障碍。因此，做好动物防疫工作，依法预防、控制和扑灭动物疫病，对促进养殖业发展具有十分重要的作用和意义。

三、保护人体健康

千百年来，人和动物之间形成了密不可分的天然联系，目前世界上已知的很多动物疫病包括病毒病、细菌病、寄生虫病、衣原体病、真菌病等达200多种，可以通过动物及其产品传染给人。其中，高致病性禽流感、猪链球菌病、血吸虫病、狂犬病、布鲁氏菌病、结核病、炭疽病等，在历史上都曾给人类带来灾难性的危害。此外，由于某些病原体的自身变异以及在自然环境下微生物基因突变，一些新的人畜共患病在陆续发现和证实。因此，加强对动物防疫活动的管理，预防、控制和扑灭动物疫病，不仅是为了促进养殖业发展，更重要的是为了保障人民群众食肉安全，从而达到保护人体健康的目的。

四、维护公共卫生安全

兽医工作是公共卫生安全的第一道防线，是公共卫生的重要组成部分，是保持社会经济全面、协调、可持续发展的一项基础性工作。一方面，从国际情况看，动物不仅影响人体健康，造成重大经济损失，也会因此产生较大的政治影响，甚至影响社会稳定，如近年来英国发生的口蹄疫、疯牛病，以及多个国家和地区发生的高致病性禽流感等。另一方面，随着我国社会、经济的发展和对外开放进程的加快，特别是世界动物卫生组织（OIE）恢复中华人民共和国合法权利后，兽医工作的社会公共卫生属性更加显著。动物卫生和兽医公共卫生的职能更多地体现在公共卫生方面，如动物卫生和兽医公共卫生的全过程管理、动物疫病的防控、人畜共患病的控制、动物源性食品安全以及动物福利、动物源性污染的环境保护等。因此，加强动物防疫工作，预防、控制和扑灭动物疫病，不仅可以促进养殖业健康持续的发展，保护人体健康，而且还可以保障社会公共卫生安全。

第四节　动物防疫的对象

动物防疫的对象是指动物、动物产品及动物疫病。

一、动物

指家畜家禽和人工饲养、合法捕获的其他动物。动物含义中的家畜包括猪、牛、羊、马、驴、骡、骆驼、鹿、兔、犬等；家禽包括鸡、鸭、鹅等；人工饲养、合法捕获的其他动物，包括各种实验动物、观赏动物、演艺动物、伴侣动物、水生动物和其他人工驯养繁殖的野生动物。

动物是动物病原体侵袭的主要对象，也是动物疫病的宿主。因此，加强动物及其饲养、经营活动的监管，切实有效地做好动物疫病预防、控制、扑灭，就是为了保障养殖业健康发展，维护人体健康和社会公共卫生安全。

二、动物产品

指供人食用、饲料用、药用、农用及工业用的动物源性产品。包括动物的肉、生皮、原毛、脏器、脂、血液、精液、卵、胚胎、骨、蹄、头、筋，以及可能传播动物疫病的奶、蛋等。

动物产品可分为三类：一类是与动物繁殖有关，如动物的精液、胚胎和种蛋，这类产品直接影响动物繁殖的后代，如果带有病菌或者病毒等病原微生物，将会成为长期的传染源，必须加以严格管理。二类是动物的生皮、原毛以及未经加工的血液、绒、骨、角等。三类是未经加工的胴体、头、蹄。将动物产品纳入动物防疫的对象，是因为动物防疫工作有其特定的科学规律，不仅患病的动物可以传播动物疫病，染疫的动物产品也是动物疫病的重要传染源。由染疫动物产品扩散疫情的事例很多，有的后果十分严重，近年发生的震惊世界的英国疯牛病，以及严重影响我国台湾经济的猪口蹄疫，传染源之一就是染疫动物产品。但是，动物产品一般情况下经过高温处理或者经过鞣制，它所携带的病原微生物会被消灭，因此，动物防疫的对象要以"未经加工"的动物产品为界限。还需要说明的是，各种动物产品的加工方法是不同的，加工程度也有初级加工和深加工、粗加工和精加工的区别，具体到每一种动物产品采取什么方式加工、加工到什么程度后就不属于动物防疫的对象，从原则上说应当以"不再具有传染动物疫病的危险"为界限，同时还要考虑提高行政效率的要求和我国目前的实际管理水平。

三、动物疫病

包括动物传染病、寄生虫病。动物传染病，即由病原体侵入动物体内，使动物产生具有一定潜伏期和临床症状并具有传播性的动物疫病，如口蹄疫、鸡瘟、牛肺疫、炭疽、布鲁氏菌病、狂犬病等。动物寄生虫病，即由寄生虫寄生在动物体内或体表引起的疾病，如猪囊虫病、旋毛虫病、钩端螺旋体病、血吸虫病、疥螨等。

根据动物疫病对养殖业生产和人体健康的危害程度，我国还将动物疫病分为下列三类：对人畜危害严重、需要采取紧急、严厉的强制预防、控制、扑灭措施的为一类疫病；可造成重大经济损失、需要采取严格控制、扑灭措施，防止疫情扩散的为二类疫病；常见多发、可能造成重大经济损失、需要控制和净化的为三类疫病。

第三章 动物传染病与免疫

第一节 传染病与感染

一、传染病

由特定病原微生物引起的、具有一定的潜伏期和临床症状并具有传染性的动物疾病称为动物传染病。传染病的表现虽然多种多样，但亦具有一些共同特性。

1. 传染病是由病原微生物引起的

传染病是在一定环境条件下由病原微生物与机体相互作用引起的，每一种传染病都有其特异的致病微生物存在，如猪瘟是由猪瘟病毒引起的。

2. 传染病具有传染性和流行性

病原微生物能在患病动物体内增殖并不断排出体外，通过一定的途径再感染其他易感动物而引起具有相同症状的疾病，这种使疾病不断向周围散播传染的现象，是传染病与非传染病区别的一个重要特征。在一定地区和一定时间内，传染病在易感动物群中从个体发病扩展到整个群体感染发病的过程，便构成了传染病的流行。

3. 感染动物机体可出现特异性的免疫学反应

在传染发展过程中由于病原微生物的抗原刺激作用，被感染的机体可以产生特异性抗体和变态反应等。这种改变可以通过血清学试验等方法检测，因而有利于病原体感染状态的确定。

4. 耐过动物能获得特异性免疫

动物耐过传染病后，在大多数情况下均能产生特异性免疫，使机体在一定时期内或终生不再感染该种传染病。

5. 被感染动物有一定的临床表现和病理变化

大多数传染病都具有其明显的或特征性的临床症状和病理变化，而且在一定时期或地区范围内呈现群发性疾病的表现。

6. 传染病的发生具有明显的阶段性和流行规律

大多数传染病在群体中流行时通常具有相对稳定的病程和特定的流行规律。

二、感染

感染通常是指病原微生物侵入动物机体，在一定部位生长繁殖并引起不同程度的病理反应过程。动物感染病原微生物后会有不同的临床表现，从完全没有临床症状到明显的临床症状，甚至死亡，这种不同的临床表现又称为感染梯度。这种现象是病原的致病性、毒力与宿主特性综合作用的结果。

第二节　传染病流行的基本环节

动物传染病的一个基本特征是能在动物之间通过直接接触或间接接触互相传染，形成流行。病原体由传染源排出，通过各种传播途径，侵入其他易感动物体内，形成新的传染，并继续传播形成群体感染发病的过程称为动物传染病流行过程。传染病流行必须具备传染源、传播途径及易感动物三个条件。这三个条件常统称为传染病流行过程的三个基本环节，当这三个条件同时存在并相互联系时就会造成传染病的发生。

1. 传染源

亦称传染来源。是指体内有病原体寄居、生长、繁殖，并能将其排到体外的动物。具体说，传染源就是受感染的动物。传染源一般可以分为患病动物、病原携带者及人畜共患病的人。

2. 传播途径

病原体由传染源排出后，经一定的方式再侵入其他易感动物所经的途径称为传播途径。

传播途径可分两大类。一是水平传播，即传染病在群体之间或个体之间横向传播，在传播方式上又可分为直接接触和间接接触传播；二是垂直传播，即母体所患的疫病或所带的病原体，经卵、胎盘和产道传播给子代的传播方式，垂直传播在广义上讲属于间接接触传播。

3. 动物的易感性

指动物对于某种病原体感受性的大小。畜群的易感性与畜群中易感个体所占的百分率成正比例。影响动物易感性的主要因素有：

（1）内在因素　不同种类的动物对于同一种病原体的易感性有很大差异，这是由遗传因素决定的。

（2）外界因素　饲养管理、卫生状况等因素在一定程度上也能影响动物的易感性。如饲料质量低劣及圈舍阴暗、潮湿、通风不良等造成动物抵抗力降低，促进传染病的发生和流行。

（3）特异免疫状态　动物不论通过何种方式获得特异性免疫力，都可使动物的易感性明显降低，这些动物所生的后代，通过获得母源抗体，在幼年时期也有一定的免疫力。

第三节　动物传染病的基本防控

为预防、控制和消灭动物传染疾病的发生和流行而采取的对策和措施，称为动物传染病防治措施。动物传染病的基本防控措施主要包括以下几个方面：

一、动物传染病防治基本原则

1. 《中华人民共和国动物防疫法》是我国动物疫病防治工作的法律依据，是防疫灭病的有力武器，"依法治疫"是防治动物传染病的基本方略。

2. 动物传染病易传播蔓延，造成大批动物发病、死亡，严重危害人、畜健康。而且，动物传染病一旦传播流行，控制和消灭难度很大，不仅要消耗巨大的人力、物力和财力，还需要相当长的时间。因此，认真贯彻"预防为主"的方针，下大力气做好预防工作是十分重要的。

3. 影响动物传染病流行的因素十分复杂，任何一种防治措施都有其局限性，因此，预防、控制和消灭任何一种传染病都必须针对动物传染病流行的三个环节采取综合性措施，相辅相成，才能收到较好的效果。

4. 每种动物传染病流行特点各不相同，每种传染病不同时期、不同地区流行特点也各不相同。因此，预防、控制和消灭动物传染病必须根据每种传染病的不同特点，以及根据不同时期、不同地区具体特点，因地制宜，采取有针对性的措施，才能取得成效。

二、动物传染病防治主要措施

预防、控制和扑灭动物传染病，平时应做好预防工作；一旦发生动物传染病，应迅速采取措施，尽快扑灭。因此，动物传染病防治措施可以分为日常预防性措施和发生传染病的扑灭措施。

（一）控制和消灭传染源

控制和消灭传染源是日常预防性措施的关键。

1. 要实行隔离饲养

将动物饲养控制在一个有利于生产和防疫的地方称之为隔离饲养。隔离饲养的目的是防止或减少有害生物（病原微生物、寄生虫、虻、蚊、蝇、鼠等）进入和感染（或危害）健康动物群，也就是防止从外界传入疫病。

2. 要做到科学饲养

动物饲养场建设应符合动物防疫条件，要分区规划，生活区、生产管理区、辅助生产区、生产区、病死动物和粪便污物及污水处理区等应严格分开并相距一定距离；生产区应按人员、动物、物资单一流向的原则安排建设布局，防止交叉感染；栋与栋之间应有一定距离；净道和污道应分设，互不交叉；生产区大门口应设置值班室和消毒设施等。

3. 要建立严格的卫生防疫管理制度

要严格管理人员、车辆、饲料、用具、物品等流动和出入，防止病原微生物侵入动物饲养场。

4. 要严把引进动物关

凡需从外地引进动物，必须首先调查了解产地传染病流行情况，以保证从非疫区健康动物群中购买；再经当地动物检疫机构检疫，签发检疫合格证后方可启运；运回后，隔离观察30天以上，在此期间进行临床观察、实验室检查，确认健康无病，方可混群饲养，严防带入传染源。

5. 要定期开展检疫和疫情监测

通过检疫和疫情监测可及时揭露、发现患病动物和病原携带者，以便及时清除，防止疫病传播蔓延。

6. 科学使用药物预防

使用化学药物防治动物群体疾病，可以收到有病治病、无病防病的功效，特别是对于那些目前没有有效的疫苗可以预防的疾病，使用化学药物防治是一项非常重要的措施。

（二）切断传播途径

切断传染病传播途径是日常预防性措施的另一项重要内容。

1. 要建立科学的消毒制度

认真执行日常消毒制度，可及时消灭外界环境（圈舍、运动场、道路、设备、用具、车辆、人员等）中的病原微生物，切断传播途径，阻止传染病传播蔓延。

2. 搞好杀虫、灭鼠工作

虻、蝇、蚊、蜱等节肢动物是传播疫病的重要媒介，鼠类是很多种人、畜传染病的传播媒介和传染源，搞好杀虫、灭鼠工作，可切断传染病生物性传播途径。

3. 实行"全进全出"饲养制

同一饲养单元只饲养同一批次的动物，同时进、同时出的管理制度称为"全进全出"饲养制。同一饲养单元动物出栏后，经彻底清扫，认真清洗、消毒（火焰烧灼，喷洒消毒药、熏蒸等），并空舍（圈）半个月以上，再进另一批动物。

4. 要严防饲料、饮水被病原微生物污染

（三）提高易感动物抵抗力

提高易感动物抵抗力是日常预防性措施的基础工作。

1. 要科学饲养

饲喂全价、优质饲料，满足动物生长、发育、繁育和生产需要，增强动物体质。

2. 要科学管理动物厩舍

保持适宜温度、适宜湿度、适宜光照、通风、空气新鲜，给动物创造一个适宜的环境，增强动物的抵抗力和免疫力。

3. 要科学免疫接种

给动物按时接种疫苗，使机体产生特异性抵抗力，使易感染动物转化为不易感染动物。

第四节　免疫的基础知识

一、疫苗的概念

由病原微生物、寄生虫及其组分或代谢产物所制成的，用于人工主动免疫的生物制品，称为疫苗。给动物接种疫苗，刺激机体免疫系统发生免疫应答，产生抵抗特定病原微生物或寄生虫感染的免疫力，从而预防疫病。

二、疫苗种类

由细菌、病毒、立克次氏体、螺旋体、支原体等完整微生物制成的疫苗，称为常规疫苗。常规疫苗按其病原微生物性质分为活疫苗、灭活疫苗和类毒素。

利用分子生物学、生物工程学、免疫化学等技术研制的疫苗，称为新型疫苗，主要有亚单位疫苗、基因工程疫苗、合成肽疫苗、核酸疫苗等。

（一）活疫苗

活疫苗是指用通过人工诱变获得的弱毒株，或者是自然减弱的天然弱毒株（但仍保持良好的免疫原性），或者是异源弱毒株所制成的疫苗。例如，布鲁氏菌病活疫苗、猪瘟活疫苗、鸡马立克氏病活疫苗（Ⅱ型）、鸡马立克氏病火鸡疱疹病毒活疫苗等。

1. 活疫苗的优点

（1）免疫效果好　接种活疫苗后，活疫苗在一定时间内，在动物机体内有一定的生长繁殖能力，机体犹如发生一次轻微的感染，所以活疫苗用量较少，而机体所获得的免疫力比较坚强而持久。

（2）接种途径多　可通过滴鼻、点眼、饮水、口服、气雾等途径，刺激机体产生细胞免疫、体液免疫和局部黏膜免疫。

2. 活疫苗的缺点

（1）可能出现毒力返强　一般来说，活疫苗弱毒株的遗传性状比较稳定，但由于反复接种传代，可能出现病毒返祖现象，造成毒力增强。

（2）贮存、运输要求条件较高　一般冷冻干燥活疫苗，需 -15℃以下贮藏、运输。因此，必须使用低温贮藏、运输设施进行贮藏、运输，才能保证疫苗质量。

（3）免疫效果受免疫动物用药状况影响　活疫苗接种后，疫苗菌毒株在机体内有效增殖，才能刺激机体产生免疫保护力，如果免疫动物在此期间用药，就会影响免疫效果。

（二）灭活疫苗

灭活疫苗是选用免疫原性良好的细菌、病毒等病原微生物经人工培养后，用物理或化学方法将其杀死（灭活），使其传染因子被破坏而仍保留其免疫原性所制成的疫苗。灭活疫苗根据所用佐剂不同又可分为氢氧化铝胶佐剂、油乳佐剂、蜂胶佐剂等灭活疫苗。

1. 灭活疫苗的优点

（1）安全性能好，一般不存在散毒和毒力返祖的危险。

（2）一般只需在 2~8℃贮藏和运输条件，易于贮藏和运输。

（3）受母源抗体干扰小。

2. 灭活疫苗的缺点

（1）接种途径少　主要通过皮下或肌内注射进行免疫。

（2）产生免疫保护所需时间长　由于灭活疫苗在动物体内不能繁殖，因而接种剂量较大，产生免疫力较慢，通常需 2~3 周后才能产生免疫力，故不适于用作紧急预防免疫。

（3）疫苗吸收慢，注射部位易形成结节，影响肉的品质。

（三）类毒素

将细菌在生长繁殖中产生的外毒素，用适当浓度（0.3%~0.4%）的甲醛溶液处理后，其毒性消失而仍保留其免疫原性，称为类毒素。类毒素经过盐析并加入适量的磷酸铝或氢氧化铝胶等，即为吸附精制类毒素，注入动物机体后吸收较慢，可较久地刺激机体产生高滴度抗体以增强免疫效果。如破伤风类毒素，注射一次，免疫期 1 年，第二年再注射一次，免疫期可达 4 年。

（四）新型疫苗

目前在预防动物疫病中，已广泛使用的新型疫苗主要有：基因工程亚单位疫苗，如仔猪大肠埃希氏菌病 K88、K99 双价基因工程疫苗，仔猪大肠埃希氏菌病 K88、LTB 双价基因工程疫苗；基因工程基因缺失疫苗，如猪伪狂犬病病毒 TK/gG 双基因缺失活疫苗、猪伪狂犬病病毒 gG 基因缺失灭活疫苗；基因工程基因重组活载体疫苗，如禽流感重组鸡痘病毒载体活疫苗；合成肽疫苗，如猪口蹄疫 O 型合成肽疫苗。

三、疫苗的有效期、失效期、批准文号

（一）有效期

疫苗的有效期是指在规定的贮藏条件下能够保持质量的

期限。

疫苗的有效期按年月顺序标注：

（1）年份 四位数。

（2）月份 两位数。

（3）计算 从疫苗的生产日期（生产批号）算起。如某批疫苗的生产批号是 20060731，有效期 2 年，即该批疫苗的有效期到 2008 年 7 月 31 日止。如具体标明有效期到 2008 年 6 月，表示该批疫苗在 2008 年 6 月 30 日之前有效。

（二）失效期

疫苗的失效期是指疫苗超过安全有效范围的日期。如标明失效期为 2007 年 7 月 1 日，表示该批疫苗可使用到 2007 年 6 月 30 日，即 7 月 1 日起失效。

疫苗的有效期和失效期虽然在表示方法上有些不同，计算上有差别，但任何疫苗超过有效期或达到失效期者，均不能再销售和使用。

（三）疫苗的批准文号

疫苗批准文号的编制格式为：疫苗类别名称 + 年号 + 企业所在地省份（自治区、直辖市）序号 + 企业序号 + 疫苗品种编号。

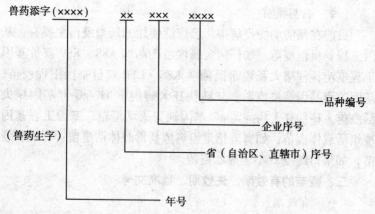

第四章　防疫法律知识

第一节　动物防疫法

本法针对现实生产生活中的突出问题，总结实践经验，按照预防为主、从严管理、促进养殖业生产、保护人体健康、维护公共卫生安全的精神，规定了一系列相应的制度和措施，主要有以下几方面：

一、动物防疫工作的方针

国家对动物疫病实行预防为主的方针。

二、动物防疫工作的实施办法

县级以上人民政府应当加强对动物防疫工作的统一领导，加强基层动物防疫队伍建设，建立健全动物防疫体系，制定并组织实施动物疫病防治规划。

乡级人民政府、城市街道办事处应当组织群众协助做好本管辖区域内的动物疫病预防与控制工作。

三、动物防疫工作的管理机制

国务院兽医主管部门主管全国的动物防疫工作。

县级以上地方人民政府兽医主管部门主管本行政区域内的动物防疫工作。

县级以上人民政府其他有关部门在各自的职责范围内做好动物防疫工作。

军队和武装警察部队动物卫生监督职能部门分别负责军队和武装警察部队现役动物及饲养自用动物的防疫工作。

县级以上地方人民政府设立的动物卫生监督机构依照本法规

定，负责动物、动物产品的检疫工作和其他有关动物防疫的监督管理执法工作。

县级以上人民政府按照国务院的规定，根据统筹规划、合理布局、综合设置的原则建立动物疫病预防控制机构，承担动物疫病的监测、检测、诊断、流行病学调查、疫情报告以及其他预防、控制等技术工作。

四、动物疫病的预防措施

【第十二条】国务院兽医主管部门对动物疫病状况进行风险评估，根据评估结果制定相应的动物疫病预防、控制措施。

国务院兽医主管部门根据国内外动物疫情和保护养殖业生产及人体健康的需要，及时制定并公布动物疫病预防、控制技术规范。

【第十三条】国家对严重危害养殖业生产和人体健康的动物疫病实施强制免疫。国务院兽医主管部门确定强制免疫的动物疫病病种和区域，并会同国务院有关部门制定国家动物疫病强制免疫计划。

省、自治区、直辖市人民政府兽医主管部门根据国家动物疫病强制免疫计划，制定本行政区域的强制免疫计划；并可以根据本行政区域内动物疫病流行情况增加实施强制免疫的动物疫病病种和区域，报本级人民政府批准后执行，并报国务院兽医主管部门备案。

【第十四条】县级以上地方人民政府兽医主管部门组织实施动物疫病强制免疫计划。乡级人民政府、城市街道办事处应当组织本管辖区域内饲养动物的单位和个人做好强制免疫工作。

饲养动物的单位和个人应当依法履行动物疫病强制免疫义务，按照兽医主管部门的要求做好强制免疫工作。

经强制免疫的动物，应当按照国务院兽医主管部门的规定建立免疫档案，加施畜禽标识，实施可追溯管理。

【第十五条】县级以上人民政府应当建立健全动物疫情监测

网络，加强动物疫情监测。

国务院兽医主管部门应当制定国家动物疫病监测计划。省、自治区、直辖市人民政府兽医主管部门应当根据国家动物疫病监测计划，制定本行政区域的动物疫病监测计划。

动物疫病预防控制机构应当按照国务院兽医主管部门的规定，对动物疫病的发生、流行等情况进行监测；从事动物饲养、屠宰、经营、隔离、运输以及动物产品生产、经营、加工、贮藏等活动的单位和个人不得拒绝或者阻碍。

【第十六条】国务院兽医主管部门和省、自治区、直辖市人民政府兽医主管部门应当根据对动物疫病发生、流行趋势的预测，及时发出动物疫情预警。地方各级人民政府接到动物疫情预警后，应当采取相应的预防、控制措施。

【第十七条】从事动物饲养、屠宰、经营、隔离、运输以及动物产品生产、经营、加工、贮藏等活动的单位和个人，应当依照本法和国务院兽医主管部门的规定，做好免疫、消毒等动物疫病预防工作。

【第十八条】种用、乳用动物和宠物应当符合国务院兽医主管部门规定的健康标准。

种用、乳用动物应当接受动物疫病预防控制机构的定期检测；检测不合格的，应当按照国务院兽医主管部门的规定予以处理。

【第十九条】动物饲养场（养殖小区）和隔离场所、动物屠宰加工场所，以及动物和动物产品无害化处理场所，应当符合下列动物防疫条件：

（1）场所的位置与居民生活区、生活饮用水源地、学校、医院等公共场所的距离符合国务院兽医主管部门规定的标准；

（2）生产区封闭隔离，工程设计和工艺流程符合动物防疫要求；

（3）有相应的污水、污物、病死动物、染疫动物产品的无害化处理设施设备和清洗消毒设施设备；

（4）有为其服务的动物防疫技术人员；

（5）有完善的动物防疫制度；

（6）具备国务院兽医主管部门规定的其他动物防疫条件。

【第二十条】兴办动物饲养场（养殖小区）和隔离场所、动物屠宰加工场所，以及动物和动物产品无害化处理场所，应当向县级以上地方人民政府兽医主管部门提出申请，并附具相关材料。受理申请的兽医主管部门应当依照本法和《中华人民共和国行政许可法》的规定进行审查。经审查合格的，发给动物防疫条件合格证；不合格的，应当通知申请人并说明理由。需要办理工商登记的，申请人凭动物防疫条件合格证向工商行政管理部门申请办理登记注册手续。

动物防疫条件合格证应当载明申请人的名称、场（厂）址等事项。

经营动物、动物产品的集贸市场应当具备国务院兽医主管部门规定的动物防疫条件，并接受动物卫生监督机构的监督检查。

【第二十一条】动物、动物产品的运载工具、垫料、包装物、容器等应当符合国务院兽医主管部门规定的动物防疫要求。

染疫动物及其排泄物、染疫动物产品，病死或者死因不明的动物尸体，运载工具中的动物排泄物以及垫料、包装物、容器等污染物，应当按照国务院兽医主管部门的规定处理，不得随意处置。

【第二十二条】采集、保存、运输动物病料或者病原微生物以及从事病原微生物研究、教学、检测、诊断等活动，应当遵守国家有关病原微生物实验室管理的规定。

【第二十三条】患有人畜共患传染病的人员不得直接从事动物诊疗以及易感染动物的饲养、屠宰、经营、隔离、运输等活动。

人畜共患传染病名录由国务院兽医主管部门会同国务院卫生

主管部门制定并公布。

【第二十四条】国家对动物疫病实行区域化管理，逐步建立无规定动物疫病区。无规定动物疫病区应当符合国务院兽医主管部门规定的标准，经国务院兽医主管部门验收合格予以公布。

本法所称无规定动物疫病区，是指具有天然屏障或者采取人工措施，在一定期限内没有发生规定的一种或者几种动物疫病，并经验收合格的区域。

【第二十五条】禁止屠宰、经营、运输下列动物和生产、经营、加工、贮藏、运输下列动物产品：

（1）封锁疫区内与所发生动物疫病有关的；

（2）疫区内易感染的；

（3）依法应当检疫而未经检疫或者检疫不合格的；

（4）染疫或者疑似染疫的；

（5）病死或者死因不明的；

（6）其他不符合国务院兽医主管部门有关动物防疫规定的。

（五）动物疫情的报告、通报和公布

【第二十六条】从事动物疫情监测、检验检疫、疫病研究与诊疗以及动物饲养、屠宰、经营、隔离、运输等活动的单位和个人，发现动物染疫或者疑似染疫的，应当立即向当地兽医主管部门、动物卫生监督机构或者动物疫病预防控制机构报告，并采取隔离等控制措施，防止动物疫情扩散。其他单位和个人发现动物染疫或者疑似染疫的，应当及时报告。

接到动物疫情报告的单位，应当及时采取必要的控制处理措施，并按照国家规定的程序上报。

【第二十七条】动物疫情由县级以上人民政府兽医主管部门认定；其中重大动物疫情由省、自治区、直辖市人民政府兽医主管部门认定，必要时报国务院兽医主管部门认定。

【第二十八条】国务院兽医主管部门应当及时向国务院有关部门和军队有关部门以及省、自治区、直辖市人民政府兽医主管部门通报重大动物疫情的发生和处理情况；发生人畜共患传染病的，县级以上人民政府兽医主管部门与同级卫生主管部门应当及时相互通报。

国务院兽医主管部门应当依照我国缔结或者参加的条约、协定，及时向有关国际组织或者贸易方通报重大动物疫情的发生和处理情况。

【第二十九条】国务院兽医主管部门负责向社会及时公布全国动物疫情，也可以根据需要授权省、自治区、直辖市人民政府兽医主管部门公布本行政区域内的动物疫情。其他单位和个人不得发布动物疫情。

【第三十条】任何单位和个人不得瞒报、谎报、迟报、漏报动物疫情，不得授意他人瞒报、谎报、迟报动物疫情，不得阻碍他人报告动物疫情。

（六）动物疫病的控制和扑灭

【第三十一条】发生一类动物疫病时，应当采取下列控制和扑灭措施：

当地县级以上地方人民政府兽医主管部门应当立即派人到现场，划定疫点、疫区、受威胁区，调查疫源，及时报请本级人民政府对疫区实行封锁。疫区范围涉及两个以上行政区域的，由有关行政区域共同的上一级人民政府对疫区实行封锁，或者由各有关行政区域的上一级人民政府共同对疫区实行封锁。必要时，上级人民政府可以责成下级人民政府对疫区实行封锁。

县级以上地方人民政府应当立即组织有关部门和单位采取封锁、隔离、扑杀、销毁、消毒、无害化处理、紧急免疫接种等强制性措施，迅速扑灭疫病。

在封锁期间，禁止染疫、疑似染疫和易感染的动物、动物产品流出疫区，禁止非疫区的易感染动物进入疫区，并根据扑灭动物疫病的需要对出入疫区的人员、运输工具及有关物品采取消毒和其他限制性措施。

【第三十二条】发生二类动物疫病时，应当采取下列控制和扑灭措施：

当地县级以上地方人民政府兽医主管部门应当划定疫点、疫区、受威胁区。

县级以上地方人民政府根据需要组织有关部门和单位采取隔离、扑杀、销毁、消毒、无害化处理、紧急免疫接种、限制易感染的动物和动物产品及有关物品出入等控制、扑灭措施。

【第三十三条】疫点、疫区、受威胁区的撤销和疫区封锁的解除，按照国务院兽医主管部门规定的标准和程序评估后，由原决定机关决定并宣布。

【第三十四条】发生三类动物疫病时，当地县级、乡级人民政府应当按照国务院兽医主管部门的规定组织防治和净化。

【第三十五条】二、三类动物疫病呈暴发性流行时，按照一类动物疫病处理。

【第三十六条】为控制、扑灭动物疫病，动物卫生监督机构应当派人在当地依法设立的现有检查站执行监督检查任务；必要时，经省、自治区、直辖市人民政府批准，可以设立临时性的动物卫生监督检查站，执行监督检查任务。

【第三十七条】发生人畜共患传染病时，卫生主管部门应当组织对疫区易感染的人群进行监测，并采取相应的预防、控制措施。

【第三十八条】疫区内有关单位和个人，应当遵守县级以上人民政府及其兽医主管部门依法作出的有关控制、扑灭动物疫病的规定。

任何单位和个人不得藏匿、转移、盗掘已被依法隔离、封存、处理的动物和动物产品。

【第三十九条】发生动物疫情时，航空、铁路、公路、水路等运输部门应当优先组织运送控制、扑灭疫病的人员和有关物资。

【第四十条】一、二、三类动物疫病突然发生，迅速传播，给养殖业生产安全造成严重威胁、危害，以及可能对公众身体健康与生命安全造成危害，构成重大动物疫情的，依照法律和国务院的规定采取应急处理措施。

（七）动物防疫工作的法律责任

【第六十八条】地方各级人民政府及其工作人员未依照本法规定履行职责的，对直接负责的主管人员和其他直接责任人员依法给予处分。

【第六十九条】县级以上人民政府兽医主管部门及其工作人员违反本法规定，未及时采取预防、控制、扑灭等措施的；其他未依照本法规定履行职责的行为，由本级人民政府责令改正，通报批评；对直接负责的主管人员和其他直接责任人员依法给予处分。

【第七十一条】动物疫病预防控制机构及其工作人员违反本法规定，发生动物疫情时未及时进行诊断、调查的；其他未依照本法规定履行职责的行为，由本级人民政府或者兽医主管部门责令改正，通报批评；对直接负责的主管人员和其他直接责任人员依法给予处分。

【第七十二条】地方各级人民政府、有关部门及其工作人员瞒报、谎报、迟报、漏报或者授意他人瞒报、谎报、迟报动物疫情，或者阻碍他人报告动物疫情的，由上级人民政府或者有关部门责令改正，通报批评；对直接负责的主管人员和其他直接责任人员依法给予处分。

【第七十三条】违反本法规定，有下列行为之一的，由动物卫生监督机构责令改正，给予警告；拒不改正的，由动物卫生监督机构代作处理，所需处理费用由违法行为人承担，可以处一千元以下罚款：

（1）对饲养的动物不按照动物疫病强制免疫计划进行免疫接种的；

（2）种用、乳用动物未经检测或者经检测不合格而不按照规定处理的；

（3）动物、动物产品的运载工具在装载前和卸载后没有及时清洗、消毒的。

【第七十四条】违反本法规定，对经强制免疫的动物未按照国务院兽医主管部门规定建立免疫档案、加施畜禽标识的，依照《中华人民共和国畜牧法》的有关规定处罚。

【第七十五条】违反本法规定，不按照国务院兽医主管部门规定处置染疫动物及其排泄物，染疫动物产品，病死或者死因不明的动物尸体，运载工具中的动物排泄物以及垫料、包装物、容器等污染物以及其他经检疫不合格的动物、动物产品的，由动物卫生监督机构责令无害化处理，所需处理费用由违法行为人承担，可以处三千元以下罚款。

【第七十九条】违反本法规定，转让、伪造或者变造检疫证明、检疫标志或者畜禽标识的，由动物卫生监督机构没收违法所得，收缴检疫证明、检疫标志或者畜禽标识，并处三千元以上三万元以下罚款。

【第八十条】违反本法规定，有下列行为之一的，由动物卫生监督机构责令改正，处一千元以上一万元以下罚款：

（1）不遵守县级以上人民政府及其兽医主管部门依法作出的有关控制、扑灭动物疫病规定的；

（2）藏匿、转移、盗掘已被依法隔离、封存、处理的动物和动物产品的；

（3）发布动物疫情的。

【第八十四条】违反本法规定，构成犯罪的，依法追究刑事责任。

违反本法规定，导致动物疫病传播、流行等，给他人人身、财产造成损害的，依法承担民事责任。

第二节　重大动物疫情应急条例

一、重大动物疫情应急准备

【第九条】国务院兽医主管部门应当制定全国重大动物疫情应急预案，报国务院批准，并按照不同动物疫病病种及其流行特点和危害程度，分别制定实施方案，报国务院备案。

县级以上地方人民政府根据本地区的实际情况，制定本行政区域的重大动物疫情应急预案，报上一级人民政府兽医主管部门备案。县级以上地方人民政府兽医主管部门，应当按照不同动物疫病病种及其流行特点和危害程度，分别制定实施方案。

重大动物疫情应急预案及其实施方案应当根据疫情的发展变化和实施情况，及时修改、完善。

【第十一条】国务院有关部门和县级以上地方人民政府及其有关部门，应当根据重大动物疫情应急预案的要求，确保应急处理所需的疫苗、药品、设施设备和防护用品等物资的储备。

【第十二条】县级以上人民政府应当建立和完善重大动物疫情监测网络和预防控制体系，加强动物防疫基础设施和乡镇动物防疫组织建设，并保证其正常运行，提高对重大动物疫情的应急处理能力。

【第十三条】县级以上地方人民政府根据重大动物疫情应急需要，可以成立应急预备队，在重大动物疫情应急指挥部的指挥下，具体承担疫情的控制和扑灭任务。

应急预备队由当地兽医行政管理人员、动物防疫工作人员、有关专家、执业兽医等组成；必要时，可以组织动员社会上有一定专业知识的人员参加。公安机关、中国人民武装警察部队应当依法协助其执行任务。

应急预备队应当定期进行技术培训和应急演练。

【第十四条】县级以上人民政府及其兽医主管部门应当加强

对重大动物疫情应急知识和重大动物疫病科普知识的宣传，增强全社会的重大动物疫情防范意识。

二、重大动物疫情监测、报告和公布

【第十五条】动物防疫监督机构负责重大动物疫情的监测，饲养、经营动物和生产、经营动物产品的单位和个人应当配合，不得拒绝和阻碍。

【第十六条】从事动物隔离、疫情监测、疫病研究与诊疗、检验检疫以及动物饲养、屠宰加工、运输、经营等活动的有关单位和个人，发现动物出现群体发病或者死亡的，应当立即向所在地的县（市）动物防疫监督机构报告。

【第十七条】县（市）动物防疫监督机构接到报告后，应当立即赶赴现场调查核实。初步认为属于重大动物疫情的，应当在2小时内将情况逐级报省、自治区、直辖市动物防疫监督机构，并同时报所在地人民政府兽医主管部门；兽医主管部门应当及时通报同级卫生主管部门。

省、自治区、直辖市动物防疫监督机构应当在接到报告后1小时内，向省、自治区、直辖市人民政府兽医主管部门和国务院兽医主管部门所属的动物防疫监督机构报告。

省、自治区、直辖市人民政府兽医主管部门应当在接到报告后1小时内报本级人民政府和国务院兽医主管部门。

重大动物疫情发生后，省、自治区、直辖市人民政府和国务院兽医主管部门应当在4小时内向国务院报告。

【第十八条】重大动物疫情报告包括下列内容：

（1）疫情发生的时间、地点；

（2）染疫、疑似染疫动物种类和数量、同群动物数量、免疫情况、死亡数量、临床症状、病理变化、诊断情况；

（3）流行病学和疫源追踪情况；

（4）已采取的控制措施；

（5）疫情报告的单位、负责人、报告人及联系方式。

【第十九条】重大动物疫情由省、自治区、直辖市人民政府兽医主管部门认定；必要时，由国务院兽医主管部门认定。

【第二十条】重大动物疫情由国务院兽医主管部门按照国家规定的程序，及时准确公布；其他任何单位和个人不得公布重大动物疫情。

【第二十一条】重大动物疫病应当由动物防疫监督机构采集病料，未经国务院兽医主管部门或者省、自治区、直辖市人民政府兽医主管部门批准，其他单位和个人不得擅自采集病料。

从事重大动物疫病病原分离的，应当遵守国家有关生物安全管理规定，防止病原扩散。

【第二十二条】国务院兽医主管部门应当及时向国务院有关部门和军队有关部门以及各省、自治区、直辖市人民政府兽医主管部门通报重大动物疫情的发生和处理情况。

【第二十三条】发生重大动物疫情可能感染人群时，卫生主管部门应当对疫区内易受感染的人群进行监测，并采取相应的预防、控制措施。卫生主管部门和兽医主管部门应当及时相互通报情况。

【第二十四条】有关单位和个人对重大动物疫情不得瞒报、谎报、迟报，不得授意他人瞒报、谎报、迟报，不得阻碍他人报告。

【第二十五条】在重大动物疫情报告期间，有关动物防疫监督机构应当立即采取临时隔离控制措施；必要时，当地县级以上地方人民政府可以作出封锁决定并采取扑杀、销毁等措施。有关单位和个人应当执行。

三、重大动物疫情应急处理

【第二十六条】重大动物疫情发生后，国务院和有关地方人民政府设立的重大动物疫情应急指挥部统一领导、指挥重大动物疫情应急工作。

【第二十七条】重大动物疫情发生后，县级以上地方人民政府兽医主管部门应当立即划定疫点、疫区和受威胁区，调查疫源，向本级人民政府提出启动重大动物疫情应急指挥系统、应急预案和对疫区实行封锁的建议，有关人民政府应当立即作出决定。

疫点、疫区和受威胁区的范围应当按照不同动物疫病病种及其流行特点和危害程度划定，具体划定标准由国务院兽医主管部门制定。

【第二十八条】国家对重大动物疫情应急处理实行分级管理，按照应急预案确定的疫情等级，由有关人民政府采取相应的应急控制措施。

【第二十九条】对疫点应当采取下列措施：

（1）扑杀并销毁染疫动物和易感染的动物及其产品；

（2）对病死的动物、动物排泄物、被污染饲料、垫料、污水进行无害化处理；

（3）对被污染的物品、用具、动物圈舍、场地进行严格消毒。

【第三十条】对疫区应当采取下列措施：

（1）在疫区周围设置警示标志，在出入疫区的交通路口设置临时动物检疫消毒站，对出入的人员和车辆进行消毒；

（2）扑杀并销毁染疫和疑似染疫动物及其同群动物，销毁染疫和疑似染疫的动物产品，对其他易感染的动物实行圈养或者在指定地点放养，役用动物限制在疫区内使役；

（3）对易感染的动物进行监测，并按照国务院兽医主管部门的规定实施紧急免疫接种，必要时对易感染的动物进行扑杀；

（4）关闭动物及动物产品交易市场，禁止动物进出疫区和动物产品运出疫区；

（5）对动物圈舍、动物排泄物、垫料、污水和其他可能受污染的物品、场地，进行消毒或者无害化处理。

【第三十一条】对受威胁区应当采取下列措施：

（1）对易感染的动物进行监测；

（2）对易感染的动物根据需要实施紧急免疫接种。

【第三十二条】重大动物疫情应急处理中设置临时动物检疫消毒站以及采取隔离、扑杀、销毁、消毒、紧急免疫接种等控制、扑灭措施的，由有关重大动物疫情应急指挥部决定，有关单位和个人必须服从；拒不服从的，由公安机关协助执行。

【第三十三条】国家对疫区、受威胁区内易感染的动物免费实施紧急免疫接种；对因采取扑杀、销毁等措施给当事人造成的已经证实的损失，给予合理补偿。紧急免疫接种和补偿所需费用，由中央财政和地方财政分担。

【第三十四条】重大动物疫情应急指挥部根据应急处理需要，有权紧急调集人员、物资、运输工具以及相关设施、设备。单位和个人的物资、运输工具以及相关设施、设备被征集使用的，有关人民政府应当及时归还并给予合理补偿。

【第三十五条】重大动物疫情发生后，县级以上人民政府兽医主管部门应当及时提出疫点、疫区、受威胁区的处理方案，加强疫情监测、流行病学调查、疫源追踪工作，对染疫和疑似染疫动物及其同群动物和其他易感染动物的扑杀、销毁进行技术指导，并组织实施检验检疫、消毒、无害化处理和紧急免疫接种。

【第三十六条】重大动物疫情应急处理中，县级以上人民政府有关部门应当在各自的职责范围内，做好重大动物疫情应急所需的物资紧急调度和运输、应急经费安排、疫区群众救济、人的疫病防治、肉食品供应、动物及其产品市场监管、出入境检验检疫和社会治安维护等工作。

中国人民解放军、中国人民武装警察部队应当支持配合驻地人民政府做好重大动物疫情的应急工作。

【第三十七条】重大动物疫情应急处理中，乡镇人民政府、村民委员会、居民委员会应当组织力量，向村民、居民宣传动物疫病防治的相关知识，协助做好疫情信息的收集、报告和各项应急处理措施的落实工作。

【第三十八条】重大动物疫情发生地的人民政府和毗邻地区的人民政府应当通力合作，相互配合，做好重大动物疫情的控制、扑灭工作。

【第三十九条】有关人民政府及其有关部门对参加重大动物疫情应急处理的人员，应当采取必要的卫生防护和技术指导等措施。

【第四十条】自疫区内最后一头（只）发病动物及其同群动物处理完毕起，经过一个潜伏期以上的监测，未出现新的病例的，彻底消毒后，经上一级动物防疫监督机构验收合格，由原发布封锁令的人民政府宣布解除封锁，撤销疫区；由原批准机关撤销在该疫区设立的临时动物检疫消毒站。

【第四十一条】县级以上人民政府应当将重大动物疫情确认、疫区封锁、扑杀及其补偿、消毒、无害化处理、疫源追踪、疫情监测以及应急物资储备等应急经费列入本级财政预算。

四、处置重大动物疫情工作法律责任

【第四十二条】违反本条例规定，兽医主管部门及其所属的动物防疫监督机构有下列行为之一的，由本级人民政府或者上级人民政府有关部门责令立即改正、通报批评、给予警告；对主要负责人、负有责任的主管人员和其他责任人员，依法给予记大过、降级、撤职直至开除的行政处分；构成犯罪的，依法追究刑事责任：

（1）不履行疫情报告职责，瞒报、谎报、迟报或者授意他人瞒报、谎报、迟报，阻碍他人报告重大动物疫情的；

（2）在重大动物疫情报告期间，不采取临时隔离控制措施，导致动物疫情扩散的；

（3）不及时划定疫点、疫区和受威胁区，不及时向本级人民政府提出应急处理建议，或者不按照规定对疫点、疫区和受威胁区采取预防、控制、扑灭措施的；

（4）不向本级人民政府提出启动应急指挥系统、应急预案和对疫区的封锁建议的；

（5）对动物扑杀、销毁不进行技术指导或者指导不力，或者不组织实施检验检疫、消毒、无害化处理和紧急免疫接种的；

（6）其他不履行本条例规定的职责，导致动物疫病传播、流行，或者对养殖业生产安全和公众身体健康与生命安全造成严重危害的。

【第四十三条】违反本条例规定，县级以上人民政府有关部门不履行应急处理职责，不执行对疫点、疫区和受威胁区采取的措施，或者对上级人民政府有关部门的疫情调查不予配合或者阻碍、拒绝的，由本级人民政府或者上级人民政府有关部门责令立即改正、通报批评、给予警告；对主要负责人、负有责任的主管人员和其他责任人员，依法给予记大过、降级、撤职直至开除的行政处分；构成犯罪的，依法追究刑事责任。

【第四十四条】违反本条例规定，有关地方人民政府阻碍报告重大动物疫情，不履行应急处理职责，不按照规定对疫点、疫区和受威胁区采取预防、控制、扑灭措施，或者对上级人民政府有关部门的疫情调查不予配合或者阻碍、拒绝的，由上级人民政府责令立即改正、通报批评、给予警告；对政府主要领导人依法给予记大过、降级、撤职直至开除的行政处分；构成犯罪的，依法追究刑事责任。

【第四十五条】截留、挪用重大动物疫情应急经费，或者侵占、挪用应急储备物资的，按照《财政违法行为处罚处分条例》的规定处理；构成犯罪的，依法追究刑事责任。

【第四十六条】违反本条例规定，拒绝、阻碍动物防疫监督机构进行重大动物疫情监测，或者发现动物出现群体发病或者死亡，不向当地动物防疫监督机构报告的，由动物防疫监督机构给予警告，并处二千元以上五千元以下的罚款；构成犯罪的，依法追究刑事责任。

【第四十七条】违反本条例规定，擅自采集重大动物疫病病料，或者在重大动物疫病病原分离时不遵守国家有关生物安全管理规定的，由动物防疫监督机构给予警告，并处五千元以下的罚款；构成犯罪的，依法追究刑事责任。

【第四十八条】在重大动物疫情发生期间，哄抬物价、欺骗消费者，散布谣言、扰乱社会秩序和市场秩序的，由价格主管部门、工商行政管理部门或者公安机关依法给予行政处罚；构成犯罪的，依法追究刑事责任。

第三节 病死与死因不明动物的处置办法

一、处置措施

【第三条】任何单位和个人发现病死或死因不明动物时，应当立即报告当地动物防疫监督机构，并做好临时看管工作。

【第四条】任何单位和个人不得随意处置及出售、转运、加工和食用病死或死因不明动物。

【第五条】所在地动物防疫监督机构接到报告后，应立即派员到现场作初步诊断分析，能确定死亡病因的，应按照国家相应动物疫病防治技术规范的规定进行处理。

对非动物疫病引起死亡的动物，应在当地动物防疫监督机构指导下进行处理。

【第六条】对病死但不能确定死亡病因的，当地动物防疫监督机构应立即采样送县级以上动物防疫监督机构确诊。对尸体要在动物防疫监督机构的监督下进行深埋、化制、焚烧等无害化处理。

【第七条】对发病快、死亡率高等重大动物疫情，要按有关规定及时上报，对死亡动物及发病动物不得随意进行解剖，要由动物防疫监督机构采取临时性的控制措施，并采样送省级动物防疫监督机构或农业部指定的实验室进行确诊。

【第八条】对怀疑是外来病，或者是国内新发疫病，应立即按规定逐级报至省级动物防疫监督机构，对动物尸体及发病动物不得随意进行解剖。经省级动物防疫监督机构初步诊断为疑似外来病，或者是国内新发疫病的，应立即报告农业部，并将病料送国家外来动物疫病诊断中心（农业部动物检疫所）或农业部指定的实验室进行诊断。

【第九条】发现病死及死因不明动物所在地的县级以上动物防疫监督机构，应当及时组织开展死亡原因或流行病学调查，掌握疫情发生、发展和流行情况，为疫情的确诊、控制提供依据。

出现大批动物死亡事件或发生重大动物疫情的，由省级动物防疫监督机构组织进行死亡原因或流行病学调查；属于外来病或国内新发疫病，国家动物流行病学研究中心及农业部指定的疫病诊断实验室要派员协助进行流行病学调查工作。

【第十条】除发生疫情的当地县级以上动物防疫监督机构外，任何单位和个人未经省级兽医行政主管部门批准，不得到疫区采样、分离病原、进行流行病学调查。当地动物防疫监督机构或获准到疫区采样和流行病学调查的单位和个人，未经原审批的省级兽医行政主管部门批准，不得向其他单位和个人提供所采集的病料及相关样品和资料。

【第十一条】在对病死及死因不明动物采样、诊断、流行病学调查、无害化处理等过程中，要采取有效措施做好个人防护和消毒工作。

【第十二条】发生动物疫情后，动物防疫监督机构应立即按规定逐级报告疫情，并依法对疫情作进一步处置，防止疫情扩散蔓延。动物疫情监测机构要按规定做好疫情监测工作。

【第十三条】确诊为人畜共患疫病时，兽医行政主管部门要及时向同级卫生行政主管部门通报。

二、管理措施

【第十四条】各地应根据实际情况，建立病死及死因不明动物举报制度，并公布举报电话。对举报有功的人员，应给予适当奖励。

【第十五条】对病死及死因不明动物各项处理，各级动物防疫监督机构要按规定做好相关记录、归档等工作。

【第十六条】对违反规定经营病死及死因不明动物的或不按规定处理病死及死因不明动物的单位和个人，按《动物防疫法》有关规定处理。

【第十七条】各级兽医行政主管部门要采取多种形式，宣传随意处置及出售、转运、加工和食用病死或死因不明动物的危害性，提高群众防病意识和自我保护能力。

下篇　基本技能

第五章　动物保定技术

第一节　猪的保定

一、站立保定法

用一根筷子粗的纱绳，在一端打个活结。保定时，一人抓住猪的两耳并向上提，在猪嚎叫时，把绳的活结立即套入猪的上颌并抽紧，然后把绳头扣在圈栏或木柱上。此时，猪常后退，当猪退至被绳拉紧时，便站住不动（图5-1）。此法适用于一般检查和肌内注射。

图5-1　猪站立保定法

二、提举保定法

抓住猪的两耳，迅速提起，使前肢腾空；同时保定者用膝部夹住猪的胸部或腰腹部，使猪的腹部朝前。此法适用于灌药或肌内注射。

三、网架保定法

网架保定常用于一般检查及猪的耳静脉注射（图5-2）。

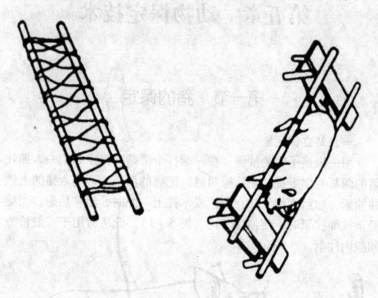

图5-2 猪网架保定法

四、保定架保定法

可用于一般检查、静脉注射及腹部手术等（图5-3）。

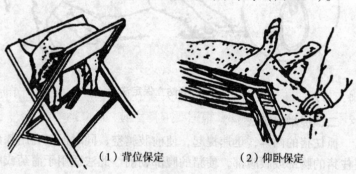

（1）背位保定　　　　　　（2）仰卧保定

图5-3 猪保定架保定法

五、倒立保定法

用两手握住猪两后肢飞节，头部朝下，保定者用膝部夹住其背部即可（图5-4）。对于体格较大的猪或保定时间较长时，用绳拴住两后肢飞节，将猪倒吊在一横梁上即可。

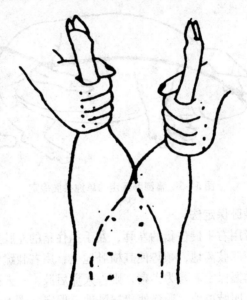

图5-4 猪倒立保定法

六、双绳倒卧保定法

主要适用于性情较温顺的猪。用两根3米长的绳子，一条系于右前肢掌部，另一条系于右后肢跖部；两绳端越过腹下到左侧，分别向相反方向牵拉，猪即失去平衡而向右侧倒卧。两助手按压住猪的头部和臀部，根据要求将猪前、后肢捆缚固定。

七、徒手倒卧保定法

适用于性情凶猛、易伤人的猪。首先由一人在猪右方抓住猪的左后肢并提离地面，随即另一人上前抓住猪的两耳，并将其头部向右上方扭转和下压；与此同时，抓左后肢的人用右脚突然向左拨动猪右后肢，猪即失去平衡而倒地。又一人立即在猪的颈部放一木棒，两端由另两人压住，使猪左后肢向后拉直并进行捆缚保定。或用一根绳嵌入猪的口角，在上颌上方打一活结并抽紧，绳的游离端向后绕于猪的跗关节上方，亦可达到保定的目的（图5-5）。

图5-5　猪倒卧保定的单纯头肢保定

八、横卧保定法

保定者用右手握住猪的左耳，左手抓住猪的左膝襞部，用力向上提举使四肢离地，顺势使其横卧地上，用右膝跪压在猪的肩部，双手紧握保定。若为大猪，则一人抓后肢，一人抓耳，用力向上提举使四肢离地，顺势使猪横卧地上保定（图5-6）。

图5-6　猪横卧保定法

第二节　犬的保定

一、徒手保定法

助手用右手捏住犬的嘴部，左手固定犬的头部，防止头左右摆动或回头伤人。此法适用于训练有素的犬或温驯的犬。

二、口笼套保定法

用皮条或金属丝制成大、中、小型号的口笼套，选择合适的给犬带在嘴上，并将其附带结于颈部固定。保定人员抓住犬脖圈，根据医疗需要令犬站立或倒卧，以防伤人。

三、绷带保定法

取绷带或布条在其中间打一活结圈套（猪蹄圈），将圈套从鼻端套至鼻梁中部，捆住犬嘴，并将绷带的两端从下颌处向后引至颈部打结固定（图5－7）。

图5－7　大绷带保定法

四、颈钳保定法

颈钳柄由90～100厘米长的铁杆制成，钳端是两个20～25厘米长的半圆形钳嘴，大小以恰能套入犬的颈部为好，合拢钳嘴后，即可将犬固定。此法适用于捕捉或医疗狂犬或凶猛的犬。

五、倒卧保定法

在保定好犬嘴的基础上，将犬置于手术台上，并分别捆缚其前、后肢，使犬成倒卧姿势固定在手术台上。此法多用于静脉注射、腹部手术、阴部手术等。

第三节　羊的保定

一、站立保定法

保定者可骑跨在羊背上，将羊颈夹在两腿之间，用手抓住并固定羊的头部（图5-8）。此法适用于一般检查、注射和灌药等。

图5-8　羊站立保定法

二、坐式保定法

此法适用于羔羊。保定者坐着抱住羔羊，使羊背朝向保定者，头向上，臀部向上，两手分别握住羊的前、后肢。

三、倒立式保定法

保定者骑跨在羊颈部，面向后，两腿夹紧羊体，弯腰将两后肢提起。此法可适用于阉割、后躯检查等。

四、横卧保定法

保定大羊时，术者可站在羊体一侧，分别握住羊的前、后肢，使羊呈侧卧姿势（图 5 – 10）。为了保定牢靠，可用麻绳将四肢捆绑在一起。

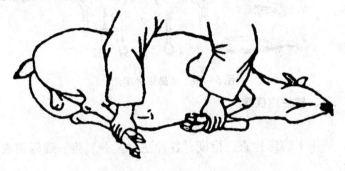

图 5 – 9　羊横卧保定法

第四节　牛的保定

一、徒手保定

1. 适用范围

适用于一般检查、灌药、颈部肌内注射及颈静脉注射。

2. 操作方法

先用一手抓住牛角，然后拉提鼻绳、鼻环或用一手的拇指与食指、中指捏住牛的鼻中隔加以固定。

二、牛鼻钳保定

1. 适用范围

适用于一般检查、灌药、颈部肌内注射及颈静脉注射、检疫。

2. 操作方法

将鼻钳两钳嘴抵住两鼻孔，并迅速夹紧鼻中隔，用一手或双手握持，亦可用绳系紧钳柄将其固定（图5－10）。

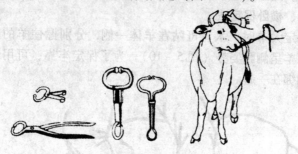

图5－10 牛鼻钳保定法

三、柱栏内保定

1. 适用范围

适用于临床检查、检疫、各种注射及颈、腹、蹄等部疾病治疗。

2. 操作方法

单栏、二柱栏、四柱、六柱栏保定方法、步骤与马的柱栏保定基本相同。亦可因地制宜，利用自然树桩进行简易保定（图5－11）。

图5－11 牛柱栏内保定法

四、倒卧保定

1. 背腰缠绕倒牛保定（一条龙倒牛法）

（1）适用范围　适用于去势及其他外科手术等。

（2）操作方法

①套牛角：在绳的一端做一个较大的活绳圈，套在牛两个角根部。

②做第一绳套：将绳沿非卧侧颈部外面和躯干上部向后牵引，在肩胛骨后角处环胸绕一圈做成第一绳套。

③做第二绳套：继而向后引至臀部，再环腹一周（此套应放于乳房前方）做成第二绳套。

④倒牛：由两人慢慢向后拉绳的游离端，由另一人把持牛角，使牛头向下倾斜，牛立即蜷腿而慢慢倒下。

⑤固定：牛倒卧后，要固定好头部，防止牛站起。一般情况下，不需捆绑四肢，必要时再将其固定（图5－12）。

图5－12　背腰缠绕倒牛法

2. 拉提前肢倒牛保定

（1）适用范围　适用于去势及其他外科手术等。

（2）操作方法

①保定牛头：由三人倒牛、保定，一人保定头部（握鼻绳

或笼头）。

②保定方法：取约 10 米长的圆绳一条，折成长、短两段，于转折处做一套结并套于左前肢系部；将短绳一端经胸下至右侧并绕过背部再返回左侧，由一人拉绳保定；另将长绳引至左髋结节前方并经腰部返回绕一周、打半结，再引向后方，由两人牵引。

③固定：令牛向前走一步，正当其抬举左前肢的瞬间，三人同时用力拉紧绳索，牛即先跪下而后倒卧；一人迅速固定牛头，一人固定牛的后躯，一人速将缠在腰部的绳套向后拉并使之滑到两后肢的蹄部将其拉紧，最后将两后肢与左前肢捆扎在一起。

第五节　马的保定

一、鼻捻子保定法

将鼻捻子绳套套于左手上并夹于指间，右手抓住笼头，持绳套的手自鼻背向下抚摸至上唇时，迅速抓住上唇。此时右手离开笼头，将绳套套于唇上，并迅速向一个方向捻转把柄，直至捻紧为止（图 5 – 13）。

图 5 – 13　马鼻捻子保定法

二、耳夹子保定法

一手迅速抓住马耳朵，另一手迅速将耳夹子放于耳根部并用力夹紧（图5－14）。此法适用于一般检查和治疗。

图5－14 马耳夹子保定法

三、前肢提举保定法

从马前侧方接近，面向后方；内侧手扶住鬐甲部，外侧手沿肢体抚摸，达于系部时握紧，同时用肩部将病畜向对侧推，使重心移向对侧肢；随即提起前肢，使腕关节屈曲抵于保定者膝部（图5－15）。也可以在徒手提举的基础上，以绳索捆缚提举保定（图5－16）。

四、后肢提举保定法

保定者面向马，站在提举肢的侧方；一手扶髋关节，并抓住尾巴，随即弯腰，另

图5－15 马前肢徒手提举保定法

一手自股部向下抚摸到系部握紧，并向上方扳，提起该肢，放于

保定者膝部，并用两手固定。也可用绳索提举保定（图5－17）。

图5－16　马前肢绳索提举保定法

图5－17　马后肢单绳提举保定法

五、两后肢防踢法

在两后肢系部各缚一条绳子，将其游离端平行地通过两前肢间，在胸前左、右分开，并向上转到鬐甲部打一活结［图5－18（1）］；或转到背部上方打一活结［图5－18（2）］。此法常用于室外进行直肠检查或母马配种时的保定。

六、两后肢站立保定法

用一条长约8米的绳子，绳中段对折打一颈套，套于马颈基部，绳两端通过两前肢和两后肢之间，再分别向左、右两侧返回交叉，使绳套引回颈套，系结固定。

图5－18　马两后肢防踢法

七、马的独柱保定

将马颈缚于柱上，可进行任何检查及挂马掌等（图5－19）。

图5－19　马的独柱保定

八、马的二柱栏、四柱栏保定

方法与牛相同（图 5－20）。

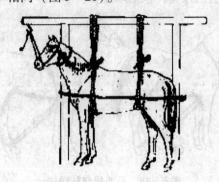

图 5－20 马的二柱栏保定法

九、六柱栏保定法

先将前带装好，马由后方牵入，装上尾带，并把缰绳拴在门柱上。为防止马跳起或卧下，可分别在马的鬐甲上部和腹下用扁绳拴在横梁上作背带和腹带（图 5－21）。

图 5－21 马的六柱栏保定

十、柱栏内前后肢转位保定法

为了检查四肢及蹄底部疾病等，必须将肢体转位并固定。前肢前方转位保定，可于四柱栏或六柱栏内，用扁绳系于前肢系部，牵引到同侧前柱外侧绑紧（图5－22）。后肢前方转位保定，用扁绳系于保定肢的系部，绳的游离端经马的腹侧，由内绕过前柱返回到两后肢之间，并从保定肢跗关节上方绕过，用力牵引保定绳，提起保定肢，然后将肢与横木缠绕数圈保定（图5－23）。后肢后方转位保定，用扁绳系于后肢系部或跖部的下端，将绳经同侧后柱外上方绕过横杆，提举后肢到同侧后柱外侧，并缚绕2～3圈，压于跟腱上方（图5－24）。

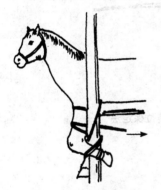 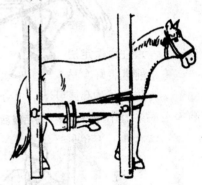

图5－22　马前肢前方
转位保定法

图5－23　马后肢前方
转位保定法

十一、单套绳倒马法

用一条长约10米的粗绳，一端套以铁环于右侧颈部系成单套结，铁环置于右侧；助手牵住马头，保定者持绳另一端行到马后部，将绳置于两后肢间，向后拉绳转回右侧；将绳的一端从马背上绕过经腹下抽出，穿过铁环，此时向后推移背绳，经臀部下落到马左后肢系部；保定者以脚蹬住右侧铁环处，用力拉绳使马右后肢尽力前提的瞬间，持绳迅速经马的后部回旋到左侧，并把绳压在马的腰部；用力拉绳下压，与保定马头的助手密切协作，使马失去重心而向左倒卧（头部应用麻袋垫好，并用力固定）；将绳拉紧使后肢前伸到铁环处扣紧，再将另一后肢同样用活套拉至同一处缚紧（图5－25）。

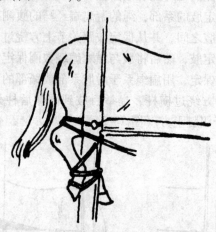

图5－24　马后肢后方转位保定法

图5－25　单套绳倒马法

十二、双抽筋倒马法

需一根长 15 米的绳子、一根长 20 厘米的小木棍和两个铁环。在绳的正中系一个双套结，将双套的结节放在颈部下侧，双套置于颈的两侧，并各套一个铁环，再把双套引到鬐甲前上方，用木棍将双套连接固定；然后将游离的两根绳从两前肢间通过，由跗关节上方分别绕至跗关节前方，由内向外各绕过原绳，再引向前方，从颈侧的铁环穿过；最后将跗关节上的绳套移到系部，随即由两个助手抓住穿过铁环的绳端，一齐用力向后牵引，马即倒卧。压住头部，继续拉紧绳端，分别用猪蹄结在后肢系部缚紧，再将两游离绳端插入上部的环中向后牵引，通过腹下插入两后肢间，再向前折，从跗关节上方向前方牵引，即完成倒卧后的后肢转位。解除时，只需解开蹄部绳结，再将颈套木棍取出即可（图 5 - 26）。

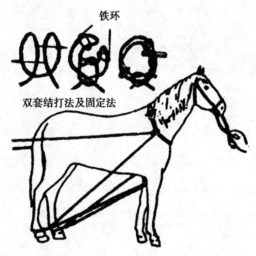

图 5 - 26　双抽筋倒马法

十三、三肢靠拢倒马法

取一根 4~5 米长的绳子，在绳的一端系个小绳环，固定两前肢；将游离端双折所形成的大绳环向后拉，并套在倒卧侧后肢系部，助手收紧游离端，此时，马因三肢靠近失去平衡而侧卧。倒卧后，继续抽紧绳端，使三肢充分靠拢交叉，打结固定（图5-27）。松解时，摘除后肢的绳套即可。

图 5-27　三肢靠拢倒马法

第六章　消毒技术

第一节　常用的消毒方法

一、物理消毒

物理消毒法是利用物理因素杀灭或清除病原微生物或其他有害微生物的方法，用于消毒灭菌的物理因素有机械、高温、紫外线、电离辐射、超声波、过滤等。常用的物理消毒方法有机械消毒、煮沸消毒、焚烧消毒、火焰消毒、阳光或紫外线消毒等。

（一）机械消毒

机械消毒是指用清扫、洗刷、通风和过滤等手段机械清除病原体的方法，是最普通、最常用的消毒方法。它不能杀灭病原体，必须配合其他消毒方法同时使用，才能取得良好的消毒效果。

1. 操作步骤

（1）器具与防护用品准备　扫帚、铁锹、污物筒、喷壶、水管或喷雾器等，高筒靴、工作服、口罩、橡皮手套、毛巾、肥皂等。

（2）穿戴防护用品。

（3）清扫　用清扫工具清除畜禽舍、场地、环境、道路等的粪便、垫料、剩余饲料、尘土、各种废弃物等污物。清扫前喷洒清水或消毒液，避免病原微生物随尘土飞扬。应按顺序清扫棚顶、墙壁、地面，先畜舍内，后畜舍外。清扫要全面彻底，不留死角。

（4）洗刷　用清水或消毒溶液对地面、墙壁、饲槽、水槽、用具或动物体表等进行洗刷，或用高压水龙头冲洗，随着污物的清除，也清除了大量的病原微生物。冲洗要全面彻底。

（5）通风　一般采取开启门窗、天窗，启动排风换气扇等方法进行通风。通风可排出畜舍内污秽的气体和水汽，在短时间内使舍内空气清洁、新鲜，减少空气中病原体数量，对预防那些经空气传播的传染病有一定的意义。

（6）过滤　在动物舍的门窗、通风口处安置粉尘、微生物过滤网，阻止粉尘、病原微生物进入动物舍内，防止动物感染疫病。

2. 注意事项

（1）清扫、冲洗畜舍　应先上后下（棚顶、墙壁、地面），先内后外（先畜舍内、后畜舍外）。清扫时，为避免病原微生物随尘土飞扬，可采用湿式清扫法，即在清扫前先对清扫对象喷洒清水或消毒液，再进行清扫。

（2）清扫出来的污物，应根据其可能含有的病原微生物的抵抗力，选择堆积发酵、掩埋、焚烧或其他方法进行无害化处理。

（3）圈舍应当纵向或正压、过滤通风，避免圈舍排出的污秽气体、尘埃危害相邻的圈舍。

（二）煮沸消毒

大部分芽孢病原微生物在100℃的沸水中迅速死亡。各种金属、木质、玻璃用具、衣物等都可以进行煮沸消毒。蒸汽消毒与煮沸消毒的效果相似，在农村一般利用铁锅和蒸笼进行。

（三）焚烧消毒

焚烧是直接点燃或在焚烧炉内焚烧的方法。主要是用于传染病流行区的病死动物尸体、垫料、污染物品等的消毒处理。

（四）火焰消毒

火焰消毒是以火焰直接烧灼杀死病原微生物的方法，它能很快杀死所有病原微生物，是一种消毒效果非常好的消毒方法。

1. 操作步骤

（1）器械与防护用品准备　火焰喷灯、火焰消毒机等。工作服、口罩、帽子、手套等。

（2）穿戴防护用品。

（3）清扫（洗）消毒对象　清扫畜舍水泥地面、金属栏和笼具等上面的污物。

（4）准备消毒用具　仔细检查火焰喷灯或火焰消毒机，添加燃油。

（5）消毒　按一定顺序，用火焰喷灯或火焰消毒机进行火焰消毒。

2. 注意事项

（1）对金属栏和笼具等金属物品进行火焰消毒时不要喷烧过久，以免将被消毒物品烧坏。

（2）消毒时要按顺序进行，以免发生遗漏。

（3）火焰消毒时注意防火。

（五）阳光、紫外线消毒

阳光是天然的消毒剂，一般病毒和非芽孢性病原菌在直射的阳光下几分钟至几小时可以杀死，阳光对于牧场、草地、畜栏、用具和物品等的消毒具有很大的实际意义，应充分利用；紫外线对革兰氏阴性菌、病毒效果较好，革兰氏阳性菌次之，对细菌芽孢无效。常用于实验室消毒。

二、化学消毒

化学消毒是指应用各种化学药物抑制或杀灭病原微生物的方法。是最常用的消毒法，也是消毒工作的主要内容。常用化学消毒方法有刷洗、浸泡、喷洒、熏蒸、拌和、撒布、擦拭等。

（一）刷洗

用刷子蘸取消毒液进行刷洗，常用于饲槽、饮水槽等设备、用具的消毒。

（二）浸泡

将需消毒的物品浸泡在一定浓度的消毒药液中，浸泡一定时间后再拿出来。如将食槽、饮水器等各种器具浸泡在 0.5% ~ 1%新洁尔灭中消毒。

（三）喷洒

喷洒消毒是指将消毒药配制成一定浓度的溶液（消毒液必须充分溶解并进行过滤，以免药液中不溶性颗粒堵塞喷头，影响喷洒消毒），用喷雾器或喷壶对需要消毒的对象（畜舍、墙面、地面、道路等）进行喷洒消毒。

喷洒消毒的步骤：

（1）根据消毒对象和消毒目的，配制消毒药液。

（2）清扫消毒对象。

（3）检查喷雾器或喷壶 喷雾器使用前，应先对喷雾器各部位进行仔细检查，尤其应注意橡胶垫圈是否完好、严密，喷头有无堵塞等。喷洒前，先用清水试喷一下，证明一切正常后，将清水倒干，然后再加入配制好的消毒药液。

（4）添加消毒药液，进行动物舍喷洒消毒 打气压，当感觉有一定压力时，即可握住喷管，按下开关，边走边喷，还要一边打气加压，一边均匀喷雾。一般以"先里后外、先上后下"的顺序喷洒为宜，即先对动物舍的最里面、最上面（顶棚或天花板）喷洒，然后再对墙壁、设备和地面仔细喷洒，边喷边退；从里到外逐渐退至门口。

（5）喷洒消毒用药量 应视消毒对象结构和性质适当掌握。水泥地面、顶棚、砖混墙壁等，每平方米用药量控制在 800 毫升左右；土地面、土墙或砖土结构等，每平方米用药量 1 000 ~ 1 200毫升；舍内设备每平方米用药量 200 ~ 400 毫升。

（6）当喷雾结束时，倒出剩余消毒液再用清水冲洗干净，防止消毒剂对喷雾器的腐蚀，冲洗水要倒在废水池内。把喷雾器冲洗干净后内外擦干，保存于通风干燥处。

（四）熏蒸

常用福尔马林配合高锰酸钾进行熏蒸消毒。其优点是消毒较全面，省工省力，但要求动物舍能够密闭，消毒后有较浓的刺激气味，动物舍不能立即使用。

（1）配制消毒药品　根据消毒空间大小和消毒目的，准确称量消毒药品。如固体甲醛按每立方米3.5克；高锰酸钾与福尔马林混合熏蒸进行畜禽空舍熏蒸消毒时，一般每立方米用福尔马林14～42毫升、高锰酸钾7～21克、水7～21毫升，熏蒸消毒7～24小时。种蛋消毒时福尔马林28毫升、高锰酸钾14克、水14毫升，熏蒸消毒20分钟。杀灭芽孢时每立方米需福尔马林50毫升；过氧乙酸熏蒸使用浓度是3%～5%，每立方米用2.5毫升，在相对湿度60%～80%条件下，熏蒸1～2小时。

（2）清扫消毒场所，密闭门窗、排气孔　先将需要熏蒸消毒的场所（畜禽舍、孵化器等）彻底清扫、冲洗干净。关闭门窗和排气孔，防止消毒药物外泄。

（3）按照消毒面积大小，放置消毒药品，进行熏蒸　将盛装消毒剂的容器均匀的摆放在要消毒的场所内，如动物舍长度超过50米，应每隔20米放一个容器。所使用的容器必须是耐燃烧的，通常用陶瓷或搪瓷制品。

（4）熏蒸完毕后，进行通风换气。

（五）拌和

在对粪便、垃圾等污染物进行消毒时，可用粉剂型消毒药品与其拌和均匀，堆放一定时间，可达到良好的消毒目的。如将漂白粉与粪便以1∶5的比例拌和均匀，进行粪便消毒。

（1）称量或估算消毒对象的重量，计算消毒药品的用量，进行称量。

（2）按《兽医卫生防疫法》的要求，选择消毒对象的堆放地址。

（3）将消毒药与消毒对象进行均匀拌和，完成后堆放一定时间即达到消毒目的。

（六）撒布

将粉剂型消毒药品均匀地撒布在消毒对象表面。如用生石灰撒布在阴湿地面、粪池周围及污水沟等处进行消毒。

（七）擦拭

是指用布块或毛刷浸蘸消毒液，在物体表面或动物、人员体表擦拭消毒。如用0.1%的新洁尔灭洗手，用布块浸蘸消毒液擦洗母畜乳房；用布块蘸消毒液擦拭门窗、设备、用具和栏、笼等；用脱脂棉球浸湿消毒药液在猪、鸡体表皮肤、黏膜、伤口等处进行涂擦；用碘酊、酒精棉球涂擦消毒术部等，也可用消毒药膏剂涂布在动物体表进行消毒。

三、生物消毒

生物消毒就是利用动物、植物、微生物及其代谢产物杀灭或去除外环境中的病原微生物。主要用于土壤、水和动物体表面消毒处理。目前常用的是生物热消毒法。

生物热消毒法是利用微生物发酵产热以达到消毒目的的一种消毒方法。如发酵池法、堆粪法等，常用于粪便、垫料等的消毒。

第二节　消毒的范围控制

一、器具消毒

（一）饲养用具的消毒

饲养用具包括食槽、饮水器、料车、添料锹等，所用饲养用具应定期进行消毒。

1. 操作步骤

（1）根据消毒对象不同，配制消毒药。

（2）清扫（清洗）饲养用具　如饲槽应及时清理剩料，然后用清水进行清洗。

（3）消毒　根据饲养用具的不同，可分别采用浸泡、喷洒、熏蒸等方法进行消毒。

2. 注意事项

（1）注意选择消毒方法和消毒药　饲养器具用途不同，应选择不同的消毒药，如笼舍消毒可选用福尔马林进行熏蒸，而食槽或饮水器一般选用过氧乙酸、高锰酸钾等进行消毒；金属器具也可选用火焰消毒。

（2）保证消毒时间　由于消毒药的性质不同，因此在消毒时，应注意不同消毒药的有效消毒时间，给予保证。

（二）运载工具的消毒

运载工具主要是车辆，一般根据用途不同，将车辆分为运料车、清污车、运送动物的车辆等。车辆的消毒主要是应用喷洒消毒法。

1. 操作步骤

（1）准备消毒药品　根据消毒对象和消毒目的不同，选择消毒药物，仔细称量后装入容器内进行配制。

（2）清扫（清洗）运输工具　应用物理消毒法对运输工具进行清扫和清洗，去除污染物，如粪便、尿液、撒落的饲料等。

（3）消毒　运输工具清洗后，根据消毒对象和消毒目的，选择适宜的消毒方法进行消毒，如喷雾消毒或火焰消毒。

2. 注意事项

（1）根据消毒对象，选择适宜的消毒方法。

（2）消毒前一定要清扫（洗）运输工具，保证运输工具表面黏附的有机污染物的清除，这样才能保证消毒效果。

（3）进出疫区的运输工具要按照动物卫生防疫法要求进行消毒处理。

（三）医疗器具的消毒

1. 注射器械消毒

将注射器用清水冲洗干净，如为玻璃注射器，将针管与针芯分开，用纱布包好；如为金属注射器，拧松调节螺丝，抽出活塞，取出玻璃管，用纱布包好。针头用清水冲洗干净，成排插在多层纱布的夹层中，镊子、剪刀洗净，用纱布包好。将清洗干净包装好的器械放入煮沸消毒器内灭菌。煮沸消毒时，水沸后保持15~30分钟。灭菌后，放入无菌带盖搪瓷盘内备用。煮沸消毒的器械当日使用，超过保存期或打开后，需重新消毒后，方能使用。

2. 刺种针的消毒

用清水洗净，高压或煮沸消毒。

3. 饮水器消毒

用清洁卫生水刷洗干净，用消毒液浸泡消毒，然后用清洁卫生的流水认真冲洗干净，不能有任何消毒剂、洗涤剂、抗菌药物、污物等残留。

4. 点眼、滴鼻滴管的消毒

用清水洗净，高压或煮沸消毒。

5. 清洗喷雾器和试剂

喷雾免疫前，应首先要用清洁卫生的水将喷雾器内桶、喷头和输液管清洗干净，不能有任何消毒剂、洗涤剂、铁锈和其他污物等残留；然后再用定量清水进行试喷，确定喷雾器的流量和雾滴大小，以便掌握喷雾免疫时来回走动的速度。

二、粪便污物消毒

粪便污物消毒方法有生物热消毒法、掩埋消毒法、焚烧消毒法和化学药品消毒法。

（一）生物热消毒法

生物热消毒法是一种最常用的粪便污物消毒法，这种方法能杀灭除细菌芽孢外的所有病原微生物，并且不丧失肥料的使用价值。粪便污物生物热消毒的基本原理是，将收集的粪便堆积起来后，粪便中便形成了缺氧环境，粪中的嗜热厌氧微生物在缺氧环境中大量生长并产生热量，能使粪中温度达 60~75℃，这样就可以杀死粪便中病毒、细菌（不能杀死芽孢）、寄生虫卵等病原体。此种方法通常有发酵池法和堆粪法两种。

1. 操作步骤

（1）发酵池法　适用于动物养殖场，多用于稀粪便的发酵。

①选址：在距离饲养场 200～250 米以外，远离居民区、河流、水井等的地方挖两个或两个以上的发酵池（根据粪便的多少而定）。

②修建消毒池：可以筑为圆形或方形。池的边缘与池底用砖砌后再抹以水泥，使其不渗漏。如果土质干固，地下水位低，也可不用砖和水泥。

③先在池底放一层干粪，然后将每天清除出的粪便、垫草、污物等倒入池内。

④快满的时候在粪的表面铺层干粪或杂草，上面再用一层泥土封好，如条件许可，可用木板盖上，以利于发酵和保持卫生。

⑤经 1～3 个月，即可出粪清池。在此期间每天清除粪便可倒入另一个发酵池。如此轮换使用。

（2）堆粪法　适用于干固粪便的发酵消毒处理。

①选址：在距畜禽饲养场 200～250 米以外，远离居民区、河流、水井等的平地上设一个堆粪场，挖一个宽 1.5～2.5 米、深约 20 厘米、长度视粪便量的多少而定的浅坑。

②先在坑底放一层 25 厘米厚的无传染病污染的粪便或干草，然后在其上再堆放准备要消毒的粪便、垫草、污物等。

③堆到 1～1.5 米高度时，在欲消毒粪便的外面再铺上 10 厘米厚的非传染性干粪或谷草（稻草等），最后再覆盖 10 厘米厚的泥土。

④密封发酵，夏季 2 个月，冬季 3 个月以上，即可出粪清坑。如粪便较稀时，应加些杂草，太干时倒入稀粪或加水，使其干湿适当，以促使其迅速发热。

2. 注意事项

（1）发酵池和堆粪场应选择远离学校、公共场所、居民住宅区、动物饲养和屠宰场所、村庄、饮用水源地、河流等。

（2）修建发酵池时要求坚固，防止渗漏。

（3）注意生物热消毒法的适用范围。

（二）掩埋消毒法

此种方法简单易行，但缺点是粪便和污物中的病原微生物可渗入地下水，污染水源，并且损失肥料。适合于粪量较少，且不含细菌芽孢。

1. 操作步骤

（1）消毒前准备漂白粉或新鲜的生石灰，高筒靴、防护服、口罩、橡皮手套、铁锹等用品。

（2）将粪便与漂白粉或新鲜的生石灰混合均匀。

（3）混合后深埋在地下2米左右之处。

2. 注意事项

（1）掩埋地点应选择远离学校、公共场所、居民住宅区、村庄、饮用水源地、河流等。

（2）应选择地势高燥，地下水位较低的地方。

（3）注意掩埋消毒法的适用范围。

（三）焚烧消毒法

焚烧消毒法是消灭一切病原微生物最有效的方法，故用于消毒最危险的传染病畜禽粪便（如炭疽、牛瘟等）。可用焚烧炉，如无焚烧炉，可以挖掘焚烧坑，进行焚烧消毒。

1. 操作步骤

（1）消毒前准备燃料、高筒靴、防护服、口罩、橡皮手套、铁锹、铁梁等。

（2）挖坑，坑宽75～100厘米，深75厘米，长以粪便多少而定。

（3）在距壕底40～50厘米处加一层铁梁（铁梁密度以不使

粪便漏下为度），铁梁下放燃料，梁上放欲消毒粪便。如粪便太湿，可混一些干草，以便焚烧。

2. 注意事项

（1）焚烧产生的烟气应采取有效的净化措施，防止一氧化碳、烟尘、恶臭等对周围大气环境的污染。

（2）焚烧时应注意安全，防止火灾。

（四）化学药品消毒法

用化学消毒药品，如含 2% ~ 5% 有效氯的漂白粉溶液、20% 石灰乳等消毒粪便。这种方法既麻烦，又难达到消毒的目的，故实践中不常用。

三、污水消毒

污水中可能含有有害物质和病原微生物，如不经处理，任意排放，将污染江、河、湖、海和地下水，直接影响工业用水和城市居民生活用水的质量，甚至造成疫病传播，危害人、畜健康。污水的处理分为物理处理法（机械处理法）、化学处理法和生物处理法三种。

1. 物理处理法

物理处理法也称机械处理法，是污水的预处理（初级处理或一级处理），物理处理主要是去除可沉淀或上浮的固体物，从而减轻二级处理的负荷。最常用的处理手段是筛滤、隔油、沉淀等机械处理方法。筛滤是用金属筛板、平行金属栅条筛板或金属丝编织的筛网，来阻留悬浮固体碎屑等较大的物体。经过筛滤处理的污水，再经过沉淀池进行沉淀，然后进入生物处理或化学处理阶段。

2. 生物处理法

生物处理法是利用自然界的大量微生物（主要是细菌）氧化分解有机物的能力，除去废水中呈胶体状态的有机污染物质，使其转化为稳定、无害的低分子水溶性物质、低分子气体和无机盐。根据微生物作用的不同，生物处理法又分为好氧生物处理法和厌氧生物处理法。好氧生物处理法是在有氧的条件下，借助于好氧菌和兼性厌氧菌的作用来净化废水的方法。大部分污水的生物处理都属于好氧处理，如活性污泥法、生物过滤法、生物转盘法。厌氧生物处理法是在无氧条件下，借助于厌氧菌的作用来净化废水的方法，如厌氧消化法。

3. 化学处理法

经过生物处理后的污水一般还含有大量的菌类，特别是屠宰污水含有大量的病原菌，需经消毒药物处理后，方可排出。常用的方法是氯化消毒，将液态氯转变为气体，通入消毒池，可杀死99% 以上的有害细菌。也可用漂白粉消毒，即每千升水中加有效氯0.5 千克。

第三节　常用消毒剂的种类及使用

消毒剂的种类很多，根据其化学特性不同可分为碱类、酸类、醇类、醛类、酚类、氯制剂、碘制剂、季铵盐类、氧化剂、挥发性烷化剂等。

一、醛类

包括甲醛、聚甲醛、戊二醛、固体甲醛等。

1. 甲醛

是一种广谱杀菌剂，对细菌、芽孢、真菌和病毒均有效。浓度为35% ~40%的甲醛溶液称为福尔马林。可用于圈舍、用具、皮毛、仓库、实验室、衣物、器械、房舍等的消毒，也可用于处理排泄物。2% 福尔马林用于器械消毒，置于药液中浸泡1~2 小时；用于地面消毒时，用量为0.13 毫升/平方米，10%甲醛溶液可以处理排泄物。用于室内、器具等熏蒸消毒时，要求密闭的圈舍按每立方米7~21 克高锰酸钾加入14~42 毫升福尔马林，环境温度（室温）一般不应低于15℃，相对湿度60% ~80%，作用时间7 小时以上。

2. 聚甲醛

为甲醛的聚合物。具有甲醛特臭的白色疏松粉末，在冷水中溶解缓慢，热水中很快溶解。溶于稀碱和稀酸溶液。聚甲醛本身无消毒作用，常温下缓慢解聚，放出甲醛呈杀毒作用。如加热至80~100℃时很快产生大量甲醛气体，呈现强大的杀菌作用。主要用于环境熏蒸消毒，常用量为每立方米3~5克，消毒时间不少于10小时。消毒时室内温度应在18℃以上，湿度最好在80%~90%。

3. 戊二醛

为无色油状液体，味苦，有微弱的甲醛臭味，但挥发性较低。可与水或醇按任何比例混溶，溶液呈弱酸性，pH值高于9时，可迅速聚合。戊二醛原为病理标本固定剂，近10多年来发现其碱性水溶液具有较好的杀菌作用。当pH值为5~8.5时作用最强，可杀灭细菌的繁殖体和芽孢、真菌、病毒，其效果较甲醛强2~10倍。有机物对其作用影响不大。对组织刺激性弱，但碱性溶液可腐蚀铝制品。目前常用2%碱性溶液（加0.3%碳酸氢钠）用于浸泡消毒不宜加热消毒的医疗器械、塑料及橡胶制品等，浸泡10~20分钟即可达到消毒目的。

4. 固体甲醛

属新型熏蒸消毒剂，甲醛溶液的换代产品。消毒时将干粉置于热源上即可产生甲醛蒸汽。该药使用方便、安全，一般每立方米空间用药3.5克，保持湿热，温度24℃以上、相对湿度75%以上。

二、卤素类

包括氯消毒剂和碘消毒剂，如漂白粉、次氯酸钠、次氯酸钙、二氯异氰尿酸钠、三氯异氰尿酸、二氧化氯、碘酊、复合碘溶液等。

1. 漂白粉

主要用于畜禽圈舍、畜栏、笼架、饲槽及车辆等的消毒；食品厂、肉联厂常用漂白粉在操作前或日常消毒中消毒设备、工作台面等；次氯酸钠溶液常用作水源和食品加工厂的器皿消毒。

漂白粉可采用5%～10%混悬液喷洒，亦可用于粉末撒布。5%溶液1小时可杀死芽孢。饮水消毒每升水中加入0.3～1.5克漂白粉，可起杀菌除臭作用。10%～20%乳剂可用于消毒被患传染病畜禽污染的圈舍、畜栏、粪池、排泄物、运输畜禽的车辆和被炭疽芽孢污染的场所。干粉按1:5比例用于粪便的消毒。

漂白粉必须现用现配，贮存久了，有效氯的含量逐渐降低。漂白粉不能用于有色棉织品和金属用具的消毒；不可与易燃、易爆物品放在一起，应密闭保存于阴凉干燥处；漂白粉有轻微毒性，使用浓溶液时应注意人畜安全。

2. 二氯异氰尿酸钠

为白色结晶粉末，有氯臭，含有效氯60%，性能稳定，室内保存半年后有效氯含量仅降低1.6%，易溶于水，溶液呈弱酸性；水溶液稳定性较差。为新型高效消毒药，对细菌繁殖体、芽孢、病毒、真菌孢子均有较强的杀灭作用。饮水消毒为每升水0.5毫克；用具、车辆、畜舍消毒浓度为每升水含有效氯50～100毫克。

3. 三氯异氰尿酸

为白色结晶性粉末。有效氯含量为85%以上，有强烈的氯气刺激气味，在水中溶解度为1.2%，遇酸遇碱易分解，是一种极强的氯化剂和氧化剂，具有高效、广谱、安全等特点。常用于环境、饮水、饲槽等的消毒。饮水消毒为每升水含4～6毫克；喷洒消毒为每升水含200～400毫克。

4. 二氧化氯

广谱杀菌消毒剂、水质净化剂，安全无毒、无致畸致癌作用。其主要作用是氧化作用。对细菌、芽孢、病毒、真菌、原虫等均有强大的杀灭作用，并有除臭、漂白、防霉、改良水质等作用。主要用于畜（禽）舍、环境、用具、车辆、种蛋、饮水等消毒。

本品有两类制剂：一类是稳定性二氧化氯溶液（即加有稳定剂的合剂），无色、无味、无臭的透明水溶液，腐蚀性小，不易燃，不挥发，在 −5 ~ 95℃ 下稳定，不易分解。含量一般为 5% ~ 10%，用时需加入固体活化剂（酸活化），即释放出二氧化氯。另一类是固体二氧化氯，为二元包装，其中一包为亚氧酸钠，另一包为增效剂及活化剂，用时分别溶于水后混合，即迅速产生二氧化氯。

5. 碘酊、碘伏

常用于皮肤消毒。2% 的碘酊、0.2% ~ 0.5% 的碘伏常用于皮肤消毒；0.05% ~ 0.1% 的碘伏做伤口、口腔消毒；0.02% ~ 0.05% 的碘伏用于阴道冲洗消毒。

6. 复合碘溶液

为碘、碘化物与磷酸配置而成的水溶液，含碘 1.8% ~ 2.2%，呈褐红色黏稠液体，无特异刺激性臭味。有较强的杀菌消毒作用。对大多数细菌、霉菌和病毒均有杀灭作用。可用于动物舍、孵化器（室）、用具、设备及饲饮器具的喷雾或浸泡消毒。使用时应注意市售商品的浓度，再按实际使用消毒的浓度计算出商品液需要量。本品带有褐色即为指示颜色，当褐色消失时，表示药液已丧失消毒作用，需另行更换；本品不宜与热水、碱性消毒剂或肥皂水共用。

三、醇类

醇类消毒剂最常见的是乙醇，70% 的乙醇俗称酒精，常用于皮肤、针头、体温计等的消毒，用作溶媒时，可增强某些非挥发性消毒剂的杀微生物作用。本品易燃，不可接近火源。

四、酚类

包括苯酚（石炭酸）、煤酚（甲酚）、复合酚等。

1. 苯酚

俗称石炭酸，用于处理污物、用具和器械，通常以其 2% ~

5%的水溶液用于消毒车辆、墙壁、运动场及畜禽圈舍。

因本品有特殊臭味，故不适于肉、蛋的运输车辆及贮藏肉蛋的仓库消毒。

2. 煤酚

主要用于畜舍、用具和排泄物的消毒。同时，也用于手术前洗手和皮肤的消毒。

2%水溶液用于手术前洗手及皮肤消毒；3%～5%水溶液用于器械、物品消毒；5%～10%水溶液用于畜禽舍、畜禽排泄物等的消毒。

本品不宜用于蛋品和肉品的消毒。

3. 复合酚

主要用于畜禽圈舍、栏、笼具、饲养场地、排泄物等的消毒，常用的喷洒浓度为0.35%～1%。

五、氧化剂类

包括过氧化氢、环氧乙烷、过氧乙酸、高锰酸钾等，其理化性质不稳定，但消毒后不留残毒是它们的优点。

1. 环氧乙烷

适用于精密仪器、手术器械、生物制品、皮革、裘皮、羊毛、橡胶、塑料制品、饲料等忌热、忌湿物品的消毒，也可用于仓库、实验室、无菌室等的空间熏蒸消毒。

使用浓度：杀灭细菌用300～400克/立方米；消毒霉菌污染用700～950克/立方米；消毒芽孢污染的物品用800～1 700克/立方米。要求严格密闭，温度不低于18℃，相对湿度30%～50%，时间6～24小时。环氧乙烷易燃、易爆，对人有一定的毒性，一定要小心使用。

2. 过氧乙酸

用于消毒除金属制品外的各种产品。

0.5%水溶液用于喷洒消毒畜舍、饲槽、车辆等；0.04%～0.2%水溶液用于塑料、玻璃、搪瓷和橡胶制品的短时间浸泡消毒；5%水溶液，2.5毫升/立方米用于喷雾消毒密闭的实验室、无菌间、仓库等；0.3%水溶液，30毫升/立方米喷雾，可作10日龄以上雏鸡的带鸡消毒。

过氧乙酸要求现用现配，市售成品40%的水溶液性质不稳定，须避光低温保存。

3. 高锰酸钾

常用于伤口和体表消毒。高锰酸钾为强氧化剂，0.01%～0.02%溶液可用于冲洗伤口。福尔马林加高锰酸钾用作甲醛熏蒸，用于物体表面消毒。

六、碱类

包括氢氧化钠（火碱）、氧化钙（生石灰）、草木灰等。

1. 氢氧化钠

俗称火碱，主要用于消毒畜禽厩舍，也用于肉联厂、食品厂车间、奶牛场等的地面、饲槽、台板、木制刀具、运输畜禽的车船等的消毒。

使用浓度：1%～2%的水溶液用于圈舍、饲槽、用具、运输工具的消毒；3%～5%的水溶液用于炭疽芽孢污染场地的消毒。

氢氧化钠对金属物品有腐蚀作用，消毒完毕用水冲洗干净，对皮肤、被毛、黏膜、衣物有强腐蚀和损坏作用，注意个人防护；对畜禽圈舍和食具消毒时，须空圈或移出动物，间隔半天用水冲地面、饲槽后方可让其入舍。

2. 氧化钙

即生石灰，主要用于畜禽圈舍墙壁、畜栏、地面、阴湿地面、粪池周围及污水沟等的撒布消毒。

配成20%石灰乳，涂刷畜禽圈舍墙壁、畜栏、地面或直接加石灰于被消毒的液体中，撒在阴湿地面、粪池周围及污水沟等处进行消毒。消毒粪便可加等量的2%石灰乳，使之接触至少2小时。为了防疫消毒，可在畜禽场、屠宰场等放置浸透20%石灰乳的湿草包以消毒鞋底。

3. 草木灰

用于畜禽圈舍、运动场、墙壁及食槽的消毒，效果同 1% ~ 2% 的烧碱。操作时用 50 ~ 60℃ 热草木灰撒布，也可用 30% 热草木灰水喷洒。

七、表面活性剂与季铵盐类

常见以下几种产品。

1. 新洁尔灭

用于畜禽场的用具和种蛋消毒。用 0.1% 水溶液喷雾消毒蛋壳、孵化器及用具等；0.15% ~ 0.2% 水溶液用于鸡舍内喷雾消毒。

2. 洗必泰

多用于洗手消毒、皮肤消毒、创伤冲洗，也可用于畜禽圈舍、器具设备的消毒等。

使用浓度：0.05% ~ 0.1% 洗必泰溶液可用作口腔、伤口防腐剂；0.5% 洗必泰乙醇溶液可增强其杀菌效果，用于皮肤消毒；0.1% ~ 4% 洗必泰溶液可用于洗手消毒。

3. 季铵盐

用于饮水、环境、种蛋、饲养用具及孵化室消毒，也可用于圈舍带动物消毒。市场销售的产品很多，如"百毒杀"，但浓度不一，使用时应注意市售商品的浓度，再按实际使用消毒的浓度计算出商品液需要量。

八、各种消毒药物的选用

1. 动物舍室内空气消毒

高锰酸钾、甲醛、过氧乙酸、乳酸等。

2. 饮水消毒

漂白粉、氯胺、抗毒威、百毒杀、威岛消毒剂。

3. 动物舍地面消毒

石灰乳、漂白粉、草木灰、氢氧化钠、威力碘、菌毒王消毒剂等。

4. 运动场地消毒

漂白粉、石灰乳、农福、雅好生等。

5. 消毒池消毒

氢氧化钠、石灰乳、来苏尔、雅好生等。

6. 饲养设备消毒

漂白粉、过氧乙酸、百毒杀等。

7. 粪便消毒

漂白粉、生石灰、草木灰等。

8. 带动物消毒

菌毒清、百毒杀、强力消毒王、超氯、速效碘等。

9. 种蛋消毒

过氧乙酸、甲醛、新洁尔灭、高锰酸钾、超氯、百毒杀、速效碘等。

第七章 免疫接种技术

第一节 免疫接种的类型

根据免疫接种的时机不同，可分为预防接种、紧急接种和临时接种。

一、预防接种

预防接种指在经常发生某类传染病的地区、有某类传染病潜在的地区、受到邻近地区某类传染病威胁的地区，为了预防这类传染病的发生和流行，平时有组织、有计划地给健康动物进行的免疫接种。

二、紧急接种

紧急接种指在发生传染病时，为了迅速控制和扑灭传染病的流行，而对疫区和受威胁区尚未发病的动物进行的免疫接种。紧急接种应先从安全地区开始，逐头（只）接种，以形成一个免疫隔离带；然后再到受威胁区；最后再到疫区对假定健康动物进行接种。

三、临时接种

临时接种指在引进或运出动物时，为了避免在运输途中或到达目的地后发生传染病而进行的预防性免疫接种。临时接种应根据运输途中和目的地的传染病流行情况进行免疫接种。

第二节　免疫接种的准备

一、准备疫苗、器械、药品等

1. 疫苗和稀释液

按照免疫接种计划或免疫程序规定，准备所需要的疫苗和稀释液。

2. 器械

（1）接种器械（图7-1）　根据不同方法，准备所需要的接种器械。注射器、针头、镊子；刺种针；点眼（滴鼻）滴管；饮水器、玻璃棒、量筒、容量瓶；喷雾器等。

图7-1　免疫接种器械

（2）消毒器械　剪毛剪、镊子、煮沸消毒器等。

（3）保定动物器械（图7-2）。

（4）其他　带盖搪瓷盘、疫苗冷藏箱、冰壶、体温计、听诊器等。

3. 药品

（1）注射部位消毒　75%酒精、5%碘酊、脱脂棉等。

图 7 - 2　保定动物器械

（2）人员消毒　75%酒精、2%碘酊、来苏尔或新洁尔灭、肥皂等。

（3）急救药品　0.1%盐酸肾上腺素、地塞米松磷酸钠、盐酸异丙嗪、5%葡萄糖注射液等。

4. 免疫人员防护用具的准备

毛巾、防护服、胶靴、工作帽、护目镜、口罩等。

5. 其他物品

免疫接种登记表、免疫证、免疫耳标、脱脂棉、纱布、冰块等。

二、消毒器械

1. 冲洗

将注射器、点眼滴管、刺种针等接种用具先用清水冲洗干净。

（1）玻璃注射器　将注射器针管、针芯分开，用纱布包好。

（2）金属注射器　应拧松活塞调节螺丝，放松活塞，用纱布包好；将针头用清水冲洗干净，成排插在多层纱布的夹层中；

镊子、剪刀洗净，用纱布包好。

2. 灭菌

将洗净的器械高压灭菌15分钟（图7-3）；或煮沸消毒：将洗净的器械放入煮沸消毒器内，加水淹没器械2厘米以上，煮沸30分钟，待冷却后放入灭菌器皿中备用。煮沸消毒的器械应当日使用，超过保存期或打开后，需重新消毒方能使用。

图7-3　高压灭菌器

3. 注意事项

（1）清洗器械时一定要保证清洗的洁净度。

（2）灭菌后的器械1周内不用，下次使用前应重新灭菌。

（3）禁止使用化学药品消毒。

（4）使用一次性无菌塑料注射器时，要检查包装是否完好和是否在有效期内。

三、人员消毒和防护

1. 消毒

免疫接种人员应剪短手指甲，先用肥皂、消毒液（来苏尔或新洁尔灭溶液等）洗手，再用75%酒精消毒手指。

2. 个人防护

穿工作服、胶靴，戴橡胶手套、口罩、帽（图7-4，图7-5)等。

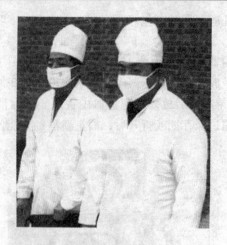

图 7-4　穿工作服

图 7-5　穿胶靴

3. 注意事项

（1）不可使用对皮肤能造成损害的消毒液洗手。

（2）在进行气雾免疫和布鲁氏菌病免疫时应戴护目镜。

四、检查待接种动物的健康状况

为了保证免疫接种动物的安全及接种效果，接种前应了解预定接种动物的健康状况（图7-6，图7-7）。

图7-6　观察动物健康状况

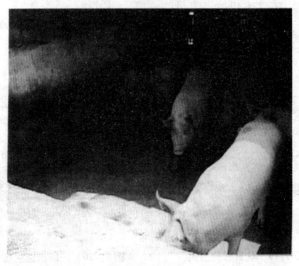

图7-7　检查动物健康状况

1. 检查动物的精神、食欲、体温，不正常的不接种或暂缓接种。

2. 检查动物是否发病、是否瘦弱，发病、瘦弱的动物不接种或暂缓接种。

3. 检查是否存在幼小的、年老的、怀孕后期的动物，这些动物不予接种或暂缓接种。

4. 对上述动物进行登记，以便以后补免。

五、检查疫苗外观质量

检查疫苗外观质量，凡发现疫苗瓶破损、瓶盖或瓶塞密封不严或松动、无标签或标签不完整（标签包括疫苗名称、批准文号、生产批号、出厂日期、有效期、生产厂家等）、超过有效期、色泽改变、发生沉淀、破乳或超过规定量的分层、有异物、有霉变、有摇不散的凝块、有异味、无真空等，一律不得使用（图7-8，图7-9，图7-10）。

图7-8　检查疫苗外观质量

图7-9　认真检查疫苗

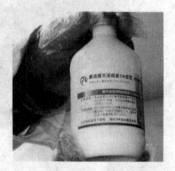

图7-10　仔细检查生产日期

六、详细阅读疫苗使用说明书

详细阅读疫苗使用说明书，了解疫苗的用途、用法、用量和注意事项等。

七、预温疫苗

疫苗从贮藏容器中取出后，免疫接种前，应置于室温（15～25℃左右），以平衡疫苗温度。如鸡马立克氏病活疫苗从液氮罐中取出后，应迅速放入 27～35℃ 温水中速融（不能超过10 秒）后再稀释。

八、稀释疫苗

1. 按疫苗使用说明书注明的头（只）份，用规定的稀释液，按规定的稀释倍数和稀释方法稀释疫苗。无特殊规定的可用注射用水或生理盐水。

2. 稀释疫苗前，先除去稀释液瓶和疫苗瓶封口的火漆或石蜡（图 7－11）。

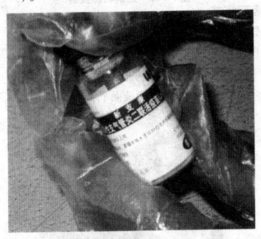

图 7－11　除去疫苗瓶封口的石蜡

3. 用酒精棉消毒瓶塞。

4. 用无菌注射器抽取稀释液，注入疫苗瓶中，振荡，使其完全溶解（图 7－12）。

5. 补充稀释液至规定量（如原疫苗瓶装不下，可另换一个已消毒的大瓶）。

图 7 – 12　正确稀释疫苗

九、吸取疫苗

1. 轻轻振摇，使疫苗混合均匀。

2. 排尽注射器、针头内水分。

3. 用 75% 酒精棉消毒疫苗瓶瓶塞。

4. 将注射器针头刺入疫苗瓶液面下，吸取疫苗（图 7 – 13）。

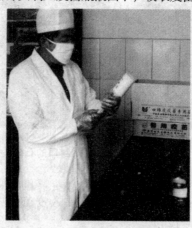

图 7 – 13　正确吸取疫苗

第三节　注射器的使用

注射器是一种用于将水剂或油乳剂等液体兽药（或疫苗）注入动物机体内的专用装置，可分金属注射器、玻璃注射器和连续注射器三类。

一、金属注射器

主要由金属支架、玻璃管、橡皮活塞、剂量螺栓等组件组成，最大装量有10毫升、20毫升、30毫升和50毫升4种规格，特点是轻便、耐用、装量大，适用于猪、牛、羊等中大型动物的注射。

1. 使用方法

（1）装配金属注射器　先将玻璃管置金属套管内，插入活塞，拧紧套筒玻璃管固定螺丝，旋转活塞调节手柄至适当松紧度。

（2）检查是否漏水　抽取清洁水数次，以左手食指轻压注射器药液出口，拇指及其余三指握住金属套管，右手轻拉手柄至一定距离（感觉到有一定阻力），松开手柄后活塞可自动回复原位，则表明各处接合紧密、不会漏水，即可使用；若拉动手柄无阻力，松开手柄，活塞不能回复原位，则表明接合不紧密，应检查固定螺丝是否上正拧紧，或活塞是否太松，经调整后，再行抽试，直至符合要求为止。

（3）针头的安装　针头消毒后，用医用镊子夹取针头座，套上注射器针座，顺时针旋转半圈并略向下压，针头装上；反之，逆时针旋转半圈并略向外拉，针头卸下。

（4）装药剂　利用真空把药剂从药物容器中吸入玻璃管内，装药剂时应注意先把适量空气注进容器中，避免容器内产生负压而吸不出药剂。装量一般控制在最大装量的50%左右，吸药剂完毕，针头朝上排空管内空气，最后按需要剂量调整剂量螺栓至所需刻度，每注射一头动物调整一次。

2. 注意事项

（1）金属注射器不宜用高压蒸汽灭菌或干热灭菌法，因其中的橡皮圈及垫圈易老化。一般使用煮沸消毒法灭菌。

（2）每注射一头动物都应调整剂量螺栓。

二、玻璃注射器

玻璃注射器由针筒和活塞两部分组成。通常在针筒和活塞后端有数字号码，同一注射器针筒和活塞的号码相同。

使用玻璃注射器的注意事项：

1. 使用玻璃注射器时，针筒前端连接针头的注射器头易折断，应小心使用。

2. 活塞部分要保持清洁，否则可使注射器活塞的推动困难，甚至损坏注射器。

3. 消毒玻璃注射器时，要将针筒和活塞分开用纱布包裹。消毒后装配针筒和活塞时要配套安装，否则易损坏或不能使用。

三、连续注射器

1. 构成

主要由支架、玻璃管、金属活塞及单向导流阀等组件组成。

2. 作用原理

单向导流阀在进药口、出药口分别设有自动阀门，当活塞推进时，出口阀打开而进口阀关闭，药液由出药口射出；当活塞后退时，出口阀关闭而进口阀打开；药液由进药口吸入玻璃管。

3. 特点

最大装量多为2毫升，特点是轻便，效率高，剂量一旦设定后可连续注射动物。

4. 适用范围

适用于家禽、小动物注射。

5. 使用方法及注意事项

（1）调整所需剂量并用锁定螺栓锁定。

（2）药剂导管插入药物容器内，同时容器瓶再插入一个进空气用的针头，使容器与外界相通，避免容器内产生负压。针头朝上连续推动活塞，排出注射器内空气直至药剂充满玻璃管，即可开始注射动物。

（3）特别注意，注射过程中要经常检查玻璃管内是否存在空气，有空气立即排空，否则影响注射剂量。

四、注射器常见故障的处理

表7-1　注射器堂常见故障的处理

故　障	原　因	处理方法	注射器种类
药剂泄漏	装配过松	拧紧	金属注射器、连续注射器
药剂反窜活塞背后	活塞过松	拧紧	金属注射器
推药时费力	活塞过紧	放松活塞	金属注射器
	玻璃盖磨损	更换玻璃盖	金属注射器
药剂打不出去	针头堵塞	更换	金属注射器、连续注射器
活塞松紧无法调整	橡胶活塞老化	更换	金属注射器
空气排不尽（或装药时玻璃管内有空气）	装配过松	拧紧	连续注射器
	出口阀有杂物	清除杂物	连续注射器
	导流管破洞	更换导流管	连续注射器
	金属活塞老化	更换活塞	连续注射器
推药力度突然变轻	进口阀有杂物，药剂回流	清除杂物	连续注射器
药剂进入玻璃管缓慢或不进入	容器内有负压	更换或调整容器上的空气针头	连续注射器

五、断针的处理

1. 出现断针事故可采用下列方法处理

（1）残端部分针身显露于体外时，可用手指或镊子将针取出。

（2）断端与皮肤相平或稍凹陷于体内时，可用左手拇指、食指垂直向下挤压针孔两侧，使断针暴露体外，右手持镊子将针取出。

（3）断针完全深入皮下或肌肉深层时，应进行标识处理。

2. 防止断针

注射过程中应注意以下事项：

（1）在注射前应仔细检查针具，对不符合质量要求的针具，应剔除不用。

（2）避免过猛、过强地行针。

（3）在进针、行针过程中，如发现弯针时，应立即出针，切不可强行刺入。

（4）对于滞针等应及时正确地处理，不可强行硬拔。

第八章 疫情巡查与报告

第一节 疫情巡查与报告概述

一、疫情巡查

1. 村级动物防疫员要定期走访责任区内的畜禽散养户，向畜主了解出栏、补栏及新出生畜禽情况，询问近期畜禽是否出现异常现象，包括采食、饮水、发病等情况。同时，要深入畜禽饲养圈舍，查看畜禽精神状态，粪便、尿液颜色、形状是否异常，必要时可进行体温测量。

2. 在当地动物疫病高发季节，应增加巡查次数。在野生动物迁徙季节如每年的秋冬交替和冬春交替季节，要对荒滩、沼泽、河流、荒山等野生动物栖息地和出没地等进行巡查。

3. 要做好每次的疫情巡查记录，发现问题要及时向上级动物疫病预防控制机构报告情况。

二、疫情报告

发现动物染疫或疑似染疫时，应当立即向乡（镇）动物防疫机构报告，若乡（镇）动物防疫机构没有及时做出反应，可直接向市、县兽医主管部门、动物防疫监督机构或动物疫病预防控制机构报告。在报告动物疫情的同时，对染疫或疑似染疫的动物应采取隔离措施，限制动物及其产品流动，防止疫情扩散。

（一）报告形式

可采用电话、传真、电子邮件等书面形式报告。

（二）报告内容

1. 疫情发生的时间、地点。

2. 染疫、疑似染疫动物种类和数量、同群动物数量、免疫情况、死亡数量、临床症状、病理变化、诊断情况。

3. 流行病学和疫源追踪情况。

4. 已采取的控制措施。

5. 疫情报告的单位、负责人、报告人及联系方式。

第二节　常见动物疫病的识别

一、口蹄疫

口蹄疫是由口蹄疫病毒引起、多种偶蹄动物共患的一种急性、热性、高度传染性疫病。

（一）流行特点

口蹄疫病毒侵害多种动物，偶蹄兽易感。家畜以牛易感，其次是猪，再次为绵羊、山羊和骆驼。野生动物中黄羊、鹿、麝和野猪也感染发病。幼龄动物易感性较老龄动物高。

病畜是最危险的传染源。病毒随分泌物和排泄物排出。水疱液、水疱皮、奶、尿、唾液及粪便含毒量最多，毒力也最强。畜产品、饲料、草场、饮水和水源、交通运输工具、饲养管理工具、垫草、垫料等，一旦污染病毒，均可成为传染源。

口蹄疫以直接接触和间接接触两种方式传染。在自然情况下，易感动物通常经消化道感染，动物各部位的皮肤和黏膜受到损伤也可造成病毒易侵入。空气也是口蹄疫重要的传染途径。

口蹄疫的传播可呈跳跃式传播流行，即在远离原发点地区也能暴发，或从一个地区、一个国家传播到另一个地区或国家。多系输入带毒产品和家畜（引种）所致。

口蹄疫是一种传染性极强的传染病，流行迅速，疫情一旦发生，可随牧畜的迁徙如放牧、转移牧地、畜力运输等迅速大面积蔓延，经过一定时期后疫情才逐渐平息。

本病的发生没有严格的季节性，但其流行却有明显的季节规律。往往在不同地区，口蹄疫流行于不同季节。有的国家和地区以春、秋两季为主。一般冬、春季较易发生大流行，夏季减缓或平息。

（二）临床表现

口蹄疫的临床特征是在口、舌、唇、鼻、蹄、乳房等部位的皮肤、黏膜形成水泡，并溃烂形成烂斑。

牛可见舌面形成大水泡，水泡破裂时流出泡沫样口涎，发生卡他性口膜炎和鼻炎，病牛舌面、唇内、齿龈和颊黏膜可见到明显水泡或烂斑。乳头、乳房皮肤可见有水泡和烂斑，病牛蹄叉、蹄冠出现水泡，继之破溃，排出水泡液，病牛不愿行走，强迫行走可见跛行。牛患本病后一般取良性经过，病死率低，通常不超过 1% ~3%。一旦病情转为恶性口蹄疫，则发生心脏麻痹而突然死亡，病死率可达 20% ~50%。病羊多以蹄部症状为主，羊口腔黏膜病变少见。病猪以蹄部水泡症状为主要特征。在蹄冠及副蹄等处可见水泡、糜烂，走路跛行，严重者爬行。如发生继发感染易引起蹄匣脱落。有的病猪在鼻盘、鼻道前部、唇部皮肤，母猪的乳头，个别的在乳房上可见到水泡、烂斑。偶尔见到阴唇、阴囊的皮肤上也有水泡、烂斑。骆驼的症状与牛大致相同，发病率较牛低。鹿的症状与水牛和绵羊相似。

二、高致病性禽流感

高致病性禽流感是由 A 型禽流感病毒高致病力毒株引起的一种急性、高度致死性传染病。

（一）流行特点

禽流感病毒感染多种家禽、野禽和鸟类，以鸡和火鸡易感性最高。水禽如鸭、鹅可带毒、散毒，一般无临床症状，但也有感染高致病力毒株而发病死亡的报道。从鸭分离到的流感病毒比其他禽类都多。已分离出流感病毒的其他禽类有：珍珠鸡、家鹅、鹌鹑、雉、鹧鸪、八哥、麻雀、乌鸦、寒鸦、鹰、编织鸟和鸽、椋鸟、岩鹧鸪、燕子、苍鹭、加拿大鸭、番鸭、雀形目的鸟、鹦鹉、虎皮鹦鹉、海鸥等鸟类。

病禽是主要传染源，野生水禽是自然界流感病毒的主要带毒者，鸟类也是重要的传播者。

主要经消化道传播，也可通过伤口、呼吸道、眼结膜传染。垂直传播的证据很少，但有证据表明实验感染鸡的蛋中有禽流感病毒的存在。因此，不能完全排除垂直传播的可能性。

以接触传播为主，也可能通过空气和蛋的媒介传播。

（二）临床表现

禽流感的临床症状极为复杂，依感染禽类的品种、年龄、性别、并发感染程度、病毒毒力和环境因素等而异，可表现呼吸道、消化道、生殖系统、神经系统异常等症状。如病鸡精神沉郁，减食及消瘦；蛋鸡产蛋量下降或停止；轻度到严重的呼吸道症状，包括咳嗽、打喷嚏、啰音和大量流泪；头部和脸部水肿，无毛皮肤发绀，神经紊乱和腹泻。隐性感染不表现任何症状。

三、新城疫

新城疫是由新城疫病毒引起禽的一种急性、热性、败血性和高度接触性传染病。

（一）流行特点

病禽和带毒禽是本病主要传染源，鸟类也是重要的传播媒介。病毒存在于病鸡全身所有器官、组织、体液、分泌物和排泄物中。

病毒可经消化道、呼吸道、眼结膜、受伤的皮肤和泄殖腔黏膜侵入机体。

鸡、野鸡、火鸡、珍珠鸡、鹌鹑易感。以鸡最易感，野鸡次之。鸭、鹅等水禽也能感染本病，目前已从鸭、鹅、天鹅、塘鹅和鸬鹚中分离到病毒。鸽、斑鸠、乌鸦、麻雀、八哥、老鹰、燕子以及其他自由飞翔的或笼养的鸟类，大部分也能自然感染本病或伴有临诊症状或取隐性经过。历史上有好几个国家因进口观赏鸟类而招致了本病的流行。

本病一年四季均可发生，但以春秋季多发。鸡场内的鸡一旦发生本病，可于 4～5 天内波及全群。

（二）临床表现

根据临诊表现和病程长短通常把新城疫分为最急性、急性和慢性三个型。

最急性型：多见于雏鸡和流行初期。常突然发病，无特征性症状而迅速死亡。往往头天晚上饮食活动如常，翌晨发现死亡。死亡率可达 90% 以上。

急性型：表现为呼吸道、消化道、生殖系统、神经系统异常。往往以呼吸道症状开始，继而下痢。起初体温升高达 43～44℃，呼吸道症状表现咳嗽，黏液增多，呼吸困难而引颈张口、呼吸出声，鸡冠和肉髯呈暗红色或紫色。精神委顿，食欲减少或丧失，渴欲增加，羽毛松乱，不愿走动，垂头缩颈，翅翼下垂，鸡冠和肉髯呈紫色，眼半闭或全闭，状似昏睡。蛋鸡产蛋停止或产软壳蛋。病鸡咳嗽，有黏性鼻液，呼吸困难，有时伸头、张口呼吸，发出"咯咯"的喘鸣声，或突然出现怪叫声。口角流出大量黏液，常为排除黏液，甩头或吞咽。嗉囊内积有液体状内容物，倒提时常从口角流出大量酸臭的暗灰色液体。排黄绿色或黄白色水样稀便，有时混有少量血液。后期粪便呈蛋清样。部分病例中，出现神经症状，如翅、腿麻痹，站立不稳，水禽、鸟等不能飞行、失去平衡等，最后体温下降，不久在昏迷中死去，死亡率达 90% 以上。1 月龄内的雏禽病程短，症状不明显，死亡率高。

慢性型：多发生于流行后期的成年禽。耐过急性型的病禽，常以神经症状为主，初期症状与急性型相似，不久有好转，但出现神经症状，如翅膀麻痹、跛行或站立不稳，头颈向后或向一侧扭转，常伏地旋转，反复发作。在间歇期内一切正常，貌似健康。但若受到惊扰刺激或抢食，则又突然发作，头颈屈仰，全身·抽搐旋转，数分钟又恢复正常。最后可变为瘫痪或半瘫痪，或者逐渐消瘦，终至死亡，但病死率较低。

四、猪瘟

猪瘟是由猪瘟病毒引起猪的一种急性、热性、接触性传染病。

（一）流行特点

自然条件下，猪、野猪是猪瘟病毒唯一宿主。不分年龄、性别和品种均易感。

传染源为病猪、愈后带毒和潜伏期带毒猪。病、死猪的所有组织、血液、分泌物和排泄物，持续毒血症并数月排毒的先天性感染的仔猪等所散播的大量病毒，不断污染周围环境，是导致猪瘟持续发生的主要原因。屠宰病猪的血液、脏器、废料和废水不经灭毒处理，也可大量散播病毒，造成猪瘟的发生和流行。被污染的饲料、饮水、运输工具以及管理人员服装也可成为传播本病的媒介。

病毒主要经消化道、呼吸道感染。也可经眼结膜、伤口、人工授精感染，也可经胎盘垂直传播。直接接触感染动物的分泌物、排泄物、精液、血液而感染；或通过农场访问者、兽医及猪贸易传播；通过污染的栏舍、器具、车辆、衣物、设备及采血针头间接传播；用未煮沸的废弃食品喂猪导致传播等。

本病一年四季均可发生，没有明显的季节性。然而受气候条件等因素的影响，以春、秋两季较为严重。治疗无效，病死率极高。呈流行性或地方流行性。

（二）临床表现

最急性型：突然发病，看不到任何症状即死亡；或突然发病，体温升高至41℃以上，呈稽留热。食欲减退，口渴，精神委顿，嗜卧，乏力。腹下和四肢皮肤发绀和斑点状出血，很快因心力衰竭、气喘和抽搐死亡，病程1～2天。多发生在流行初期，较为洁净的易感猪群。

急性型：病初体温可升高达40.5～42℃，一般在41℃左右，发病后 4～6 天体温达到高峰，稽留 4～10 天。病猪明显减食或停食，但仍有食欲，喂食时走向食槽，口渴饮水或稍食后即回窝卧下。精神高度沉郁，常挤卧在一起，或钻入垫草下，颤抖。食欲减退，偶尔呕吐。嗜睡、挤堆。呼吸困难，咳嗽。结膜发炎，两眼有脓性分泌物。全身皮肤黏膜广泛性充血、出血。皮肤发绀，尤以肢体末端（耳、尾、四肢及口鼻部）最为明显。先短暂便秘，排球状带黏液（脓血或假膜碎片）粪块；后腹泻排灰黄色稀粪。大多在感染后 5～15 天死亡，小猪病死率可达 100%。

慢性型：体温时高时低，呈弛张热型。便秘或下痢交替，以下痢为主。皮肤发疹、结痂，耳、尾和肢端等坏死。病程长，可持续 1 月以上，病死率低，但很难完全恢复。不死的猪，常成为僵猪。多见于流行中后期或猪瘟常发地区。

温和型：潜伏期长，症状较轻不典型，病死率一般不超过 50%，抗菌药物治疗无效，称为"温和型"猪瘟。病猪呈短暂发热（一般为 40～41℃，少数达 41℃ 以上），无明显症状。母猪感染后长期带毒，受胎率低、流产、死产、木乃伊胎或畸形胎；所生仔猪先天感染，死亡或成为僵猪。

第三节　重大疫情报告

一、重大动物疫情报告程序和时限

发现可疑动物疫情时，必须立即向当地县（市）动物防疫监督机构报告。县（市）动物防疫监督机构接到报告后，应当立即赶赴现场诊断，必要时可请省级动物防疫监督机构派人协助进行诊断，认定为疑似重大动物疫情的，应当在 2 小时内将疫情逐级报至省级动物防疫监督机构，并同时报所在地人民政府兽医行政管理部门。省级动物防疫监督机构应当在接到报告后 1 小时内，向省级兽医行政管理部门和农业部报告。省级兽医行政管理部门应当在接到报告后的 1 小时内报省级人民政府。特别重大、重大动物疫情发生后，省级人民政府、农业部应当在 4 小时内向国务院报告。

二、重大动物疫情认定程序及疫情公布

县（市）动物防疫监督机构接到可疑动物疫情报告后，应当立即赶赴现场诊断，必要时可请省级动物防疫监督机构派人协助进行诊断，认定为疑似重大动物疫情的，应立即按要求采集病料样品送省级动物防疫监督机构实验室确诊，省级动物防疫监督机构不能确诊的，送国家参考实验室确诊。确诊结果应立即报农业部，并抄送省级兽医行政管理部门。

重大动物疫情由国务院兽医主管部门按照国家规定的程序，及时准确公布；其他任何单位和个人不得公布重大动物疫情。

参考文献

［1］中国动物疫病预防控制中心. 村级动物防疫员技能培训教材［M］. 北京：中国农业出版社，2008.

［2］王志成. 村级动物防疫员实用手册［M］. 北京：中国农业出版社，2009.

［3］游佳音. 村级动物防疫员必备技能［M］. 兽医篇. 北京：中国农业出版社，2010.

参考文献

[1] ...

[2] ...

[3] ...

责任编辑　朱　绯
封面设计　孙宝林　高　鋈

ISBN 978-7-5116-0556-6

9 787511 605566 >

定价：14.00元